丛书主编/陈 龙 杜志红

数字媒体艺术丛书

网络人声创作艺术

冯 洋/编著

Art
of
Web
Voice
Creation

苏州大学出版社
Soochow University Press

图书在版编目（CIP）数据

网络人声创作艺术／冯洋编著. —苏州：苏州大
学出版社，2021.10
（数字媒体艺术丛书／陈龙，杜志红主编）
ISBN 978-7-5672-3752-0

Ⅰ.①网… Ⅱ.①冯… Ⅲ.①数字音频技术 Ⅳ.
①TN912.2

中国版本图书馆 CIP 数据核字（2021）第 219756 号

书　　　名：网络人声创作艺术
WANGLUO RENSHENG CHUANGZUO YISHU

编　著　者：冯　洋
音 频 剪 辑：张子豪
责 任 编 辑：孔舒仪
装 帧 设 计：吴　钰
出 版 发 行：苏州大学出版社（Soochow University Press）
社　　　址：苏州市十梓街 1 号　邮编：215006
网　　　址：www.sudapress.com
邮　　　箱：sdcbs@ suda.edu.cn
印　　　装：苏州市深广印刷有限公司
邮 购 热 线：0512-67480030　销售热线：0512-67481020
网 店 地 址：https：//szdxcbs.tmall.com/（天猫旗舰店）
开　　　本：787 mm×960 mm　1/16　印张：16.75　字数：241 千
版　　　次：2021 年 10 月第 1 版
印　　　次：2021 年 10 月第 1 次印刷
书　　　号：ISBN 978-7-5672-3752-0
定　　　价：58.00 元

凡购本社图书发现印装错误，请与本社联系调换。服务热线：0512-67481020

General preface|总序

  人类社会实践产生经验与认知，对经验和认知的系统化反思产生新的知识。实践无休无止，则知识更新也应与时俱进。

  自 4G 传输技术应用以来，视频的网络化传播取得了突破性进展，媒介融合及文化和社会的媒介化程度进一步加深，融媒体传播、短视频传播、网络视频直播，以及各种新影像技术的使用，让网络视听传播和数字媒体艺术的实践在影像领域得到极大拓展。与此同时，融媒体中心建设、电商直播带货、短视频购物等相关社会实践也亟需理论的指导，而相关的培训均缺乏系统化、高质量的教材。怎样认识这些传播现象和艺术现象？如何把握这纷繁复杂的数字媒体世界？如何以科学的系统化知识来指导实践？理论认知和实践指导的双重需求，都需要传媒学术研究予以积极的回应。

  本套丛书的作者敏锐地捕捉到这种变化带来的挑战，认为只有投入系统的研究，才能革新原有的知识体系，提升教学和课程的前沿性与先进性，从而适应新形势下传媒人才培养的战略要求。

  托马斯·库恩（Thomas Kuhn）在探讨科学技术的革命时使用"范式"概念来描述科技变化的模式或结构的演进，以及关于变革的认知方式的转变。他认为，每一次科学革命，其本质就是一次较大的新旧范式的转换。他把一个范式的形成要素总结为

"符号概括、模型和范例"。范式能够用来指导实践、发现谜题和危机、解决新的问题。在这个意义上，范式一改变，这世界本身也随之改变了。传播领域和媒体艺术领域的数字革命，带来了新的变化、范例和模型，促使我们改变对这些变革的认知模式，形成新的共识和观念，进行系统化、体系化的符号概括。在编写这套丛书时，各位作者致力于以新的观念来研究新的问题，努力描绘技术变革和传播艺术嬗变的逻辑与脉络，形成新的认知方式和符号概括。

为此，本套丛书力图呈现以下特点：

理论视角新。力求跳出传统影视和媒介传播的"再现""表征"等认知范式，以新的理论范式来思考网络直播、短视频等新型数字媒体的艺术特质，尽力做到道他人之所未道，言他人之所未言。

紧密贴合实践。以考察新型数字媒体的传播实践和创作实践为研究出发点，从实践中进行分析，从实践中提炼观点。

各有侧重，又互相呼应。从各个角度展开，有的侧重学理性探讨，有的侧重实战性指导，有的侧重综合性概述，有的侧重类型化细分，有的侧重技术性操作，理论与实践相结合的特色突出。

当然，由于丛书作者学识和才华的局限，加之时间仓促，丛书的实际成效或许与上述目标尚有一定距离。但是取乎其上，才能得乎其中。有高远的目标，才能明确努力的方向。希望通过将这种努力呈现，以就教于方家。

对于这套丛书的编写，苏州大学传媒学院给予了莫大的鼓励和支持，苏州大学出版社也提供了很多指导与帮助，特别是编辑们为此付出了极多。谨在此表示衷心的感谢！

"数字媒体艺术丛书"编委会

$\mathcal{F}$oreword | 前言

　　我们生活在一个充满声音的世界里。古有"嘈嘈切切错杂弹，大珠小珠落玉盘"的素琴雅音，也有"柳枝桃叶尽深藏，唱得红梅字字香"的婉转歌喉。从古至今，人们一直在探寻声音的艺术魅力，无数经典戏曲、吟诵、声乐、朗诵、配音等声音艺术作品传承了中华文化艺术的精髓，润泽了人们的心灵世界。"人声艺术"一词，一直以来被用于声乐、戏曲等专业演唱之中，用以区分乐器演奏的声音。其实，以有声语言表达为基础的朗诵、配音、播音等也应属于人声艺术创作的一部分。因此，本书的写作思路打破了音乐与语音的学科界限，从科学发声与声音运用技巧角度对当下的网络直播、歌曲演唱、角色配音、有声书播讲等进行技巧剖析与训练指导。

　　网络技术的发展催生了网络配音、特效配音、网络直播、短视频等新的声音创作方式，变声"萝莉音""大叔音"成了很多人的兴趣与娱乐方式。在"乱花渐欲迷人眼"的网络世界里，嘈杂喧闹的噪音不绝于耳。如何让"乐音"取代"噪音"，提升网民的声音审美力，是本书的写作初衷和目的。网络人声创作艺术，是创作者以自己或他人的声音为素材，进行声音造型处理，以网络为平台进行传播，为受众提供听觉享受的艺术创作活动。如今网络声音纷繁多样、鱼龙混杂，我们要明辨优劣、去粗取精，提升音色品质，培育"网络好声音"。

　　自 2013 年从教至今，本人一直主讲播音主持专业"影视配音"课程，同时本人在民族声乐和昆曲演唱方面也略有涉猎，一心希望将言语发声与演唱发声贯穿结合，深入浅出地进行讲解与训练，便于惠及更多声乐艺术创作爱好者，让声音训练成为人人可及的必修课，让更多人掌握科学实用的发声常识并拥有悦耳磁性的魅力嗓音。

冯洋

2021 年 5 月

于苏州尹山湖畔

第一章
网络人声
创作概述

　　网络人声创作艺术，是创作者以自己或他人的声音为素材，进行声音造型处理，以网络为平台进行传播，为受众提供听觉享受的艺术创作活动。人声创作是网络视听艺术不可或缺的重要元素。网络人声创作艺术，力求净化和美化网络发声环境，探寻当代"网络好声音"的培育方式，让现代艺术紧跟科技发展变化，真正让艺术从"高阁"走入"百姓家"，惠及大众。

网络为人们提供了浩如烟海的艺术创作资料和信息，一种不同于传统艺术的新的艺术样式正悄然勃兴，即"网络艺术"。网络技术的发展，为传统艺术形式的创新和新兴艺术形式的萌芽提供了强大的推动力。人们对于传统文化艺术的认知和接受程度正在发生巨大变化。科技发展与艺术有着怎样的联系？人声创作艺术与网络发展又有着怎样的关系？

第一节　网络人声创作艺术内涵

一、科技与艺术

纵观人类约六千年的文明历程，从石器时代到农耕时代，经历了漫长的发展演变。自 19 世纪末现代科技革命发生以来，人类经历了突飞猛进的科技和信息变革。作为时代的幸运儿，我们见证并体验了现代科技带来的翻天覆地的变化和全面深刻的影响。人们的生产与生活、思维与行动、娱乐与艺术创作等方式呈现日新月异、百花齐放、精彩纷呈的局面。

艺术的发展也在努力追随科技的脚步。一些科技成果的生命周期较短，可能几十年甚至几年的时光就会被新的研究成果所替代；优秀艺术创作的生命力则可以经久不衰，流传千年的艺术品被人们视作珍宝。现代科技早已渗透到人们日常生活之中，也让各类艺术的发展如沐春风。"艺术创新与技术进步总是如影随形。几乎每一种新艺术形式的产生都以某种新技术的问世为基础。"① 无论是音乐、绘画，还是电影、电视等，艺术与科学技术的关系密不可分。

18 世纪，意大利工匠巴尔托洛梅奥·克里斯托弗利根据古钢琴的原理改制了钢琴，从此确立了钢琴"乐器之王"的地位，也证实了技术发展对于音乐艺术的重要影响。20 世纪以来，录音技术和电子音乐的发展更为音

---

① 王强. 网络艺术的可能：现代科技革命与艺术的变革［M］. 广州：广东教育出版社，2001：31.

乐艺术的传播与传承提供了丰富多元的手段。从留声机、唱片到录音带，从 CD、DVD 到网络，现代技术无不为音乐艺术的发展带来深刻变革与创新。

电影艺术也是如此。从 17 世纪中叶原始幻灯机"魔灯"的发明到摄影胶片和现代摄影技术的运用，从单声到立体声、模拟声再到数字声，从电影院到电视、网络，电影艺术伴随着现代技术迅猛发展，日新月异。

计算机自诞生至今 70 多年，运算速度已至少提升 10 亿倍。计算机运算速度越来越快，意味着单位存储的信息量越来越大，功能越来越多。著名物理学家斯蒂芬·霍金认为，计算机会继续发展，直至计算机在复杂性方面可以与人类相媲美，甚至还可能自行设计出智能化程度更高的新计算机。未来计算机的发展水平是绝大多数人难以想象的。

现代科技对于各类艺术创作的发展具有强大的推动力。第一，艺术创作的手段更加多元，技术方法更加先进，比如影视艺术作品的品质迅速提升，得益于绘画工具的更新和电子绘画艺术的发展。第二，依靠现代技术手段，艺术作品的传播更加迅速，传播范围更加广泛，获取方式更加便捷，艺术影响力大大提升。第三，艺术作品的价值更加多元，内容更加丰富，但也存在着突破艺术创作底线的现象。在娱乐游戏风靡的当下，暴力化、色情化倾向日益严重，图像的泛滥淹没了艺术品中那些细腻、微小、值得玩味的东西，冲淡了艺术作品的韵味。第四，艺术创作人员结构发生了巨大变化，比如在技术占重要位置的影视艺术创作中，科技人员的创作比重不断增加。而网络艺术更是人人可以参与的互动式艺术，艺术创作的门槛逐渐模糊化。在网络媒体迅猛发展的当下，艺术内涵、审美观念、审美趣味都发生了深刻的变化。

网络为人们提供了浩如烟海的艺术创作资料和信息，"一种以新兴媒体为载体、依托、手段，以网民为接受对象，具有不同于传统艺术特点的新的艺术样式——网络艺术悄然勃兴"[①]。如今，在网络上呈现的文学作

① 王强. 网络艺术的可能：现代科技革命与艺术的变革［M］. 广州：广东教育出版社，2001：5.

品、美术作品、音乐作品屡见不鲜，网络剧、网络有声书、网络短视频等新的艺术创作形式方兴未艾。网络技术的发展，为传统艺术形式的创新和新兴艺术形式的萌芽提供了强大的推动力。不可否认，人们对于传统文化艺术的认知和接受程度正在发生巨大变化。

二、网络人声创作艺术

各类艺术创作以不同形式刺激着人们的视觉和听觉，而人们的视听审美品位和文化艺术诉求也与日俱增。越来越多的人对自己和他人的声音产生了浓厚兴趣，网络"声优"、角色配音、声音特效以及"萝莉音""烟嗓"等成为人们津津乐道的话题，很多人把声音的模仿当作一种休闲娱乐方式。随着网络技术的普及，人声创作已经延伸至每个人的手机终端，逐渐成为一种新兴的艺术创作形式。随着录音设备与播放平台的普及与多元化，人声创作艺术正在网络平台上含苞待放，蓄势待发。

网络人声创作艺术，是创作者以自己或他人的声音为素材，进行声音造型处理，以网络为平台进行传播，为受众提供听觉享受的艺术创作活动。人声创作艺术，包括歌曲演唱、诗歌朗诵、角色配音、演讲、有声书播讲等。网络上出现的声音纷繁多样，鱼龙混杂，我们要去粗取精，提升网络声音品质，培育和塑造更多的"网络好声音"。网络人声创作艺术的内涵，可以从三个方面来理解。

（一）注重个性

网络的普及为个体发声提供了窗口和平台，人们可以选择、复制、下载、改造甚至制作自己想要的声音。与传统艺术的主流价值观相并行的，是个性、随意、自由的个人化表达。因此，网络人声创作艺术的特征之一就是以"人"为核心，从个体出发，尊重个人内心的声音。网络人声创作的前提和基础，是在保留个人声音特质的基础上，美化音色，创新声音造型，追求声音品质，拓展声音创造力，提升听觉审美力。而那些在网络中出现的沙哑干枯、尖锐刺耳的音色，以及喋喋不休、絮叨多舌的话语，都是我们要努力摆脱和去除的。注重个性，不是个人化和个性化的无底线释放，而是建立在基本道德与价值规范之上的百花齐放，只有坚守正确的价值观与道德观，才能确保网络人声创作的健康发展。

（二）声音造型

声音造型，是指发声者用科学的发声方法改变自身音色，以适应不同情境和角色需求的声音创作活动。人的声音，即"嗓音"，是人声创作艺术的基本素材，声音造型是人声创作的主要手段。每个人的嗓音都是天赐的财富，我们要珍视自己的嗓音，不能随意挥霍损坏。美化和提升嗓音音质应该是每个人的共识。

在网络时代，声音造型已经不再是广播电视从业者的专利，任何爱好者都可以利用相关技术进行自我声音的录制创作。网络直播、短片配音、有声书播讲、歌曲演唱等都可以实现网上录制、特效制作、网络传播。新兴的网络平台尚未能及时给人们的发声设立门槛，但这绝不能作为公众降低声音艺术创作水准的借口。如何营造良好的声音创作与传播环境，是每一位声音爱好者需要关注和深思的问题。

（三）听觉享受

听觉享受，是指音色悦耳、乐音丰富、韵律和谐，令人舒适愉悦的身心感受。人声创作的目的是为听众提供舒适悦耳的听觉享受，满足听众的审美需求，提高听众的审美水平。

在纷繁复杂、瞬息万变的网络时代，真、善、美仍然是人们不变的共同追求。艺术与审美永远是人类心灵的栖息地，不容任何破坏和践踏。科学虽然"能够搬动珠穆朗玛峰，但却丝毫不能把人的心灵变得善良。惟独艺术能够做到这点，况且——这是艺术最主要的、永恒的目标"[①]。科技可以改变人们的生活方式和思维方式，使人变得更理性、更现实；艺术可以浸润人们的情感和心灵，使人变得更感性、更善良。

网络人声创作艺术，是播音主持语音发声艺术这棵大树抽出的一颗新芽，需要树根的滋养，更需要新鲜的空气和阳光。网络人声创作，需要汲取播音主持语音发声学的实用技巧和方法，建立适用于非科班出身、未经

---

① 转引自 ［苏］米·贝京. 艺术与科学：问题·悖论·探索 ［M］. 任光宣，译. 北京：文化艺术出版社，1987：9.

过培训人群的语音发声模式。

网络人声创作艺术，从听觉角度透视网络声音艺术现状，力求净化和美化网络发声环境，探寻当代"网络好声音"的培育方式，让现代艺术紧跟科技发展变化，真正让艺术从"高阁"走入"百姓家"，惠及大众。

【训练1：字音矫正】

训练提示：说好标准普通话是人声创作的基础，请按照拼音准确朗读并记忆以下加点字词的读音。

狭隘 ài	谙熟 ān	濒危 bīn
哺育 bǔ	迸溅 bèng	庇护 bì
粗糙 cāo	恻隐 cè	刹那 chà
忏悔 chàn	徜徉 cháng	惆怅 chàng
惩罚 chéng	驰骋 chěng	鞭笞 chī
炽热 chì	憧憬 chōng	揣测 chuǎi
怆然 chuàng	阔绰 chuò	辍学 chuò
逮捕 dài	恫吓 dòng hè	踮着脚 diǎn

【训练2：字音辨析】

训练提示：普通话中有很多容易读错的字音，请查字典确认以下字词的正确读音，并准确清晰地进行朗读。

挨打	执拗	裨益	粗犷	澄清	场院
创伤	称心	家畜	宽绰	胳膊	河蚌

一曝十寒　　安步当车　　绰绰有余　　沐猴而冠

休戚相关　　不容置喙　　功亏一篑　　杀一儆百

【训练3：绕口令练习】

训练提示：初学绕口令不要只求语速快，而要使每个字的发音清晰准确。请先放慢语速，加强唇与舌的力量，让每一个字的发音达到标准，再渐渐加快语速。

八百标兵奔北坡，炮兵并排北边跑。

炮兵怕把标兵碰，标兵怕碰炮兵炮。

调到敌岛打特盗，特盗太刁投短刀。

挡推顶打短刀掉，踏盗得刀盗打倒。

东洞庭，西洞庭，洞庭山上一根藤，藤上挂铜铃。

风吹藤动铜铃动，风停藤定铜铃静。

一平盆面，烙一平盆饼；

饼碰盆，盆碰饼。

【训练 4：古诗文朗读】

训练提示：古诗文朗读是练习准确吐字发音的有效方法，良好的吐字发音也是古诗文朗读的基础。朗读时请注意普通话的声母、韵母和声调的准确发音。

静 夜 思
李 白

床前明月光，疑是地上霜。
举头望明月，低头思故乡。

使至塞上
王 维

单车欲问边，属国过居延。
征蓬出汉塞，归雁入胡天。
大漠孤烟直，长河落日圆。
萧关逢候骑，都护在燕然。

望庐山瀑布
李 白

日照香炉生紫烟，遥看瀑布挂前川。
飞流直下三千尺，疑是银河落九天。

早发白帝城

李 白

朝辞白帝彩云间，千里江陵一日还。

两岸猿声啼不住，轻舟已过万重山。

锦 瑟

李商隐

锦瑟无端五十弦，一弦一柱思华年。

庄生晓梦迷蝴蝶，望帝春心托杜鹃。

沧海月明珠有泪，蓝田日暖玉生烟。

此情可待成追忆，只是当时已惘然。

第二节　网络人声创作特征

与传统广播电视相比，网络是一个包容性很强的发声平台。在网络中，每一位发声者是带着鲜明特征的个体，正是因为个人的鲜明特征得以放大，才使得网上的声音备受关注。相较于传统媒体，网络人声创作是一个新兴事物，它仍然存在着需要完善的地方。对于新事物，我们不能一味地否定或排斥，而应尝试去接受和欣赏，并且客观冷静地予以分析，尽最大可能扬长避短。在人声创作领域，网络平台的人声创作呈现出鲜明的特征。

一、对"原声态"的认同

在传统的广播电视语言传播中，播音员的吐字与发声都要达到相当高的标准，以适应各类消息的播报和评论的态度。广播电视新闻播音员往往是科班出身，需要经过几年甚至更长时间的发声训练，才能达到专业的播音标准。播音员的嗓音成了大众心目中的理想榜样，却望尘莫及。而网络平台为越来越多的爱好者打开了这扇声音之门，即使是没有经过任何发声训练的"原声态"主播，也可以获得百万粉丝的关注；即使网络主播已经嗓音沙哑，表现出十分疲惫的状态，仍然可以成为粉丝关注追捧的焦点。这种对于人的本真状态的"原声态"呈现，得到了很多网友的关注和认可。

在 CCTV 青年歌手电视大奖赛中被人们熟知的"原生态唱法"，曾一度深受广大听众的喜爱。原生态演唱主要分布于我国少数民族地区，发声理念来源于婴儿的哭声，因此被称为"人类的原自然发声"。在网络人声创作艺术领域，人们越来越注重在言语表达和演唱中展现个人本身的音色，这种强调音色的有声表达被称作"原声态的声音创作"。

其实，科学发声与声音个性并不是矛盾对立的，每个人都可以通过科学的发声训练获得更好的音色。网络人声创作对于"原声态"的认可，并不是对科学发声方法的排斥。提升音视频的质量和水准，让其在网络平台有序生长，是从业者和大众的共同期许。

二、对"反差萌"的喜好

反差萌，是源于动漫角色的网络流行词，大意是指角色人物表现出与自身形象不同的特征或多种互为矛盾的特征而产生的可爱呆萌的状态。这种反差萌的效果，已经不仅仅存在于动漫角色中，而是在网络音视频创作的各个角落，通过网络主播鲜明的反差和大胆的变化，能够产生许多意想不到的幽默效果，收获众多粉丝。

声音的反差萌在网络人声创作中屡见不鲜。一些短视频主播常常会利用画面内容与配音音色的反差、人声配音与电子配音的反差、情绪突变的人声反差等，来达到吸引粉丝、获得关注的目的。这些反差萌的人声创作也获得了众多粉丝的青睐，在反差中体现的人生百态往往能给受众留下难以磨灭的印象。

三、对"素人""素声"的兴趣

无论是广播电视主持人还是专业歌手，他们的声音都经过严格的专业训练，在原生嗓音的基础上，运用科学的发声方法美化嗓音。这种经过

"包装"的音色具有较强的专业性和吸引力，也让非专业人士望尘莫及。

网络平台为大众打开了人人都可以自信发声的大门。网友对未经过专业包装的素人嗓音——素声有着极大兴趣，高度关注朴实无华、真实松弛的人声表达。越来越多的人喜欢看到和听到毫无粉饰的内容，比如当事人的现场哭诉，演唱主播唱歌时的破音，美食主播吃东西的声音，带有方言口音的搞笑配音，等等。

素人与素声呈现给网友的是一种真实的状态，但这样的呈现也是有策划和编排的，若毫无设计则难以长时间吸引粉丝的关注。这种网络平台的素人发声，也是一种社会表演形式，需要发声者用心编排内容、真实演绎情节。

四、对鲜明个性的包容

在网络平台上，个人的主观意愿能够很大程度上得以实现。网络艺术充分展现其强烈的个人性、随意性、开放性，一点点灵感火花，一点点心得体会，都可以随时随地通过拍摄、记录进行传播、互动。"网络释放了人们的写作情结，实现了人们的发表欲望。"[1] 一些个性的言语、行为、看法被广泛传播和关注。同时，越来越多的人将目光由广播电视转向网络平台，人们可以在包容的网络空间里释放自己的个性。

网络艺术的包容性为创作者解开了束缚，却也引发了诸多争议。比如，带货主播声嘶力竭推销某无功效产品，游戏主播废话、脏话连篇却关注度不减，某三岁女孩被父母喂至 70 斤成为吃播网红，等等。审丑、猎奇、缺陷等成了部分网络创作的卖点，这些是网络人声创作开放性特征的极端表现。非专业的草根主播更能拉近与普通受众的距离，他们也可以利用声音处理技术，使自己的声音变型为萝莉音、大叔音等特色音调。在网络人声创作中，不修饰与过分修饰均可成为声音创作的噱头。

五、对艺术创作的延展

网络技术使艺术作品不可更改成为历史。为蒙娜丽莎的脸上画两撇胡

---

① 王强. 网络艺术的可能：现代科技革命与艺术的变革 [M]. 广州：广东教育出版社，2001：120.

子不再是艺术家的专利。① 人们可以轻易复制、修改已完成的艺术作品，让艺术创作永不止步。网络艺术是动态发展的，艺术创作不再是艺术家的专利，人人都可能成为网络人声艺术创作者。

网络技术为艺术创作提供了无限可能。一部影视剧中的片段，可以被截取加以搞笑配音，也可以被做成表情动画；一首歌曲的歌词，可以被修改或者改写成完全不同的内容进行演唱；一部网络小说的内容，可以根据网友的反馈进行修改和调整。"传统艺术是一种只读艺术，只可被动观看，空间上有一定距离，网络艺术是一种可读写艺术，空间上距离缩短为不到1米，一旦操起鼠标进行修改、反馈，距离消失为零。"② 网络艺术的可读写性，降低了艺术创作的难度，让网络艺术创作无限延展，更提供了网络艺术创作多维度发展的可能。网络艺术创作不再受时间和空间的限制，任何人在任意时间、任何地点都可以随心所欲操作电脑或手机等电子设备，对音视频、绘画等艺术作品进行创作和修改。当然，任意创作和修改也带来了一系列低俗、恶搞、审丑等网络乱象，亟待正确引导和规范。

【训练1：字音矫正】

训练提示：说好标准普通话是人声创作的基础，请按照拼音准确朗读并记忆以下加点字词的读音。

缄默 jiān	发酵 jiào	校对 jiào
拮据 jié jū	浸透 jìn	镌刻 juān
矍铄 jué shuò	倔强 jué jiàng	鸟瞰 kàn
市侩 kuài	莅临 lì	踉跄 liàng qiàng
透露 lù	埋怨 mán	耄耋 mào dié
联袂 mèi	闷热 mēn	愤懑 mèn
荒谬 miù	模型 mó	抹杀 mǒ

---

① 现代艺术大师马塞尔·杜尚在一张复制的《蒙娜丽莎》上为蒙娜丽莎画上了小胡子。这幅被修改的作品名为《L.H.O.O.Q》，成了杜尚的代表作。

② 王强. 网络艺术的可能：现代科技革命与艺术的变革 [M]. 广州：广东教育出版社，2001：124.

滂沱 pāng	癖好 pǐ	剽窃 piāo
解剖 pōu	祈祷 qí	坐骑 qí
迂腐 yū	向隅 yú	伛偻 yǔ lǚ
陨落 yǔn	暂时 zàn	精湛 zhàn

【训练2：字音辨析】

训练提示：普通话中有很多容易读错的字音，请查字典确认以下字词的正确读音，并准确清晰地进行朗读。

潦倒	牌坊	对称	恩赐	蚌埠	教室
嘈杂	哺乳	战栗	瓜葛	傣族	着落
身陷囹圄		掎角之势		麻痹大意	惴惴不安
噤若寒蝉		推本溯源		烜赫一时	秣马厉兵

【训练3：绕口令练习】

训练提示：初学绕口令不要只求语速快，而要使每个字的发音清晰准确。请先放慢语速，加强唇与舌的力量，让每一个字的发音达到标准，再渐渐加快语速。

白石塔，白石搭，
白石搭白塔，白塔白石搭，
搭好白石塔，白塔白又大。

刚往窗上糊字纸，你就隔着窗户撕字纸，
一次撕下横字纸，一次撕下竖字纸，
横竖两次撕了四十四张湿字纸。
是字纸你就撕字纸，
不是字纸你就不要胡乱地撕一地纸。

扁担长，板凳宽，
板凳没有扁担长，扁担没有板凳宽。
扁担绑在板凳上，
板凳不让扁担绑在板凳上，

扁担偏要绑在板凳上。

【训练4：古诗文朗读】

训练提示：古诗文朗读是练习准确吐字发音的有效方法，良好的吐字发音也是古诗文朗读的基础。朗读时请注意普通话的声母、韵母和声调的准确发音。

红　豆

王　维

红豆生南国，春来发几枝。

愿君多采撷，此物最相思。

渡荆门送别

李　白

渡远荆门外，来从楚国游。

山随平野尽，江入大荒流。

月下飞天镜，云生结海楼。

仍怜故乡水，万里送行舟。

绝　句

杜　甫

两个黄鹂鸣翠柳，一行白鹭上青天。

窗含西岭千秋雪，门泊东吴万里船。

闻官军收河南河北

杜　甫

剑外忽传收蓟北，初闻涕泪满衣裳。

却看妻子愁何在，漫卷诗书喜欲狂。

白日放歌须纵酒，青春作伴好还乡。

即从巴峡穿巫峡，便下襄阳向洛阳。

无 题

李商隐

相见时难别亦难，东风无力百花残。

春蚕到死丝方尽，蜡炬成灰泪始干。

晓镜但愁云鬓改，夜吟应觉月光寒。

蓬山此去无多路，青鸟殷勤为探看。

第三节 网络人声创作样式

网络，为大众提供了一个可以随时随地、随心所欲发声的平台，发声的内容、形式不会受到条条框框的约束。一时间，各种各样的网络人声创作样式如雨后春笋般涌现。常见的网络人声创作样式，包括网络直播、网络配音、网络剧、网络有声书等。其中，有些传统媒体人声创作样式，比如广告配音、动画配音、诗文朗读、广播剧等，其专业创作技巧可以运用于网络人声创作之中。当然，网络平台上的人声创作摆脱了广播电视对于专业播音员、主持人的高标准和严要求，即使是浓重的方言口音或沧桑沙哑的嗓音，也都可以进行网络人声创作。

本节内容主要针对网络中常见的人声创作样式进行阐释和探讨。

一、网络直播

2016 年，"全民直播时代"全面开启，网络直播量呈现爆发式增长，一度出现"千播大战"的局面。如今，经历了市场的大浪淘沙，网络直播进入了平稳发展的阶段。网络直播的辐射范围越来越广，甚至有将传统媒体囊括其中的态势。各大传统媒体纷纷通过网络直播的形式，将资讯分享给受众。2019 年，中央广播电视总台（以下简称"央视"）新闻新媒体中心宣布《新闻联播》正式开设抖音号，入驻抖音。在 2019 年的央视春晚上，央视携手抖音进行跨屏狂欢。抖音总裁张楠说："这是一次电视加新媒体的强强联合，也是文化与科技的跨屏联欢。"①

网络直播，一方面满足了当代人快速、直观获得信息的需求；另一方面简化了制作流程。无需复杂的后期制作，人们只需用手机随手一拍即可，简单便捷，易于操作。此外，网络直播的背后还蕴含着巨大的商机，诸如带货直播、美食直播、旅行直播等都与人们的日常消费密不可分。

从人声创作的角度看，参与网络直播的主播们大多没有经过专业训练，但一些主播可以凭借个人独特的嗓音、语调和风格获得关注，继而成为网络红人，即"网红"。原声态的嗓音、不经修饰的自然发声状态、浓重的方言口音、个性化的语调风格等，都在其中发挥着各自的作用。

随着网络直播的火热发展，人们更加依赖网络上的碎片化信息，一些人开始放弃思考，盲目跟随。在鱼龙混杂的网络环境中，如何培养"网络好声音"？如何提高网络主播个人素养？如何提升网络直播内容水准？这些都是亟待探讨和解决的问题。

二、网络配音

配音，曾是只属于专业配音演员的工作和活动，很多声音艺术爱好者无缘参与其中。而随着配音软件的出现，网友可以对影视剧和动画片的经典片段进行"翻版配音"。网络为广大网友提供了新的配音平台和人声创作空间。

如今，网络配音不仅采纳了传统媒体中广告配音、动画配音、影视配音的经验技巧，还增添了新的配音形式，比如搞笑配音、创意配音、拼贴配音等，"淮秀帮"配音就是其中之一。"淮秀帮"是一支网络创意配音团队，他们对《新白娘子传奇》《还珠格格》《西游记》等经典电视剧片段进行改编，甚至自己编写剧本，进行创意剪辑和搞笑配音，收获了众多网友的认可和好评。

网络让配音从"专业"走向"大众"。在配音创作得以推广的同时，

---

① 转引自乔莉萍，刘可."视觉文化"视域下网络直播和短视频的乱象及其矫治 [J]. 传媒观察，2021（3）：61-67.

我们希望网络配音能延续广播电视配音的专业技能和经验，创作出更多深受网友喜爱且具有一定内涵和传播价值的网络配音作品。

三、网络剧

与影视剧相比，网络剧的创作形式和表演内容较为丰富多元。常见的网络剧形式主要有网络短剧、网络影视剧、网络微电影、网络广播剧等。

2005 年，时长 20 分钟、内容剪辑于电影《无极》的网络微电影《一个馒头引发的血案》爆红，下载量击败了《无极》，被认为是网络微电影的雏形。随着"青春期"系列、筷子兄弟的《老男孩》等网络剧的涌现，也让网友们纷纷拿起数码摄像机和手机，自行拍摄和制作网络短片。而后，越来越多工具类视频软件的出现，也成就了一批草根视频制作团队。

2014 年 1 月，搞笑视频短剧《陈翔六点半》正式开播。这部原创系列短剧融合了电视剧的拍摄方式，以夸张幽默的表现形式讲解、诉说生活中的故事，是网络系列短剧中具有代表性的作品。《陈翔六点半》灵活选取拍摄场景，以家庭趣事为主要内容，每集由 1~2 个情节组成，无固定演员、固定角色，时长 1~7 分钟。其目的是能够让观众用最短的时间、通过最方便的移动互联网平台收看节目，达到解压、放松的效果。《陈翔六点半》活跃于"美拍""秒拍""快手"等多个网络短视频平台，全网每月累积播放量约达 10 亿次，并且在秒拍上吸引了将近 300 万粉丝。值得关注的是，《陈翔六点半》中所有角色的声音都是经过后期处理的电子音色，并且每个角色有其独特的电子声音造型，如蘑菇头、猪小明、毛台等角色。各个角色的人声造型有着较高的区别度和识别度，为角色形象的塑造和喜剧效果的呈现发挥了重要作用。

四、网络有声书

有声书，是用声音来表达文学作品思想内容的艺术创作。它不仅是传统书籍的有声版本，还通过播讲者的人声再创作，将书籍的思想内容传递给广大听众。21世纪以来，互联网的普及加快了有声书发展的步伐，各大有声书门户网站如雨后春笋般出现，有声书听众也呈现出年轻化、规模化发展的态势。

网络有声书，是以互联网为传播媒介的有声书艺术创作。网络有声书一般由专业的播讲人员对文字作品进行人声播讲创作，再由专业团队进行剪辑、配乐、包装，形成完整的有声书作品，以供受众在线收听或下载播放。如今，"喜马拉雅""荔枝FM"等音频门户网站已成为网络有声书创作的聚集地，网络有声书产业逐渐向专业化、规模化方向发展。网络有声书的兴起，引领着"听世界"的新潮流，越来越多人可以利用碎片化时间，随时随地、随心所欲地"听书"，轻松学得书籍中的知识。

随着网络有声书的火爆发展，有声书主播数量也在逐年攀升。仅"喜马拉雅"有声书平台就有1 000万左右的主播，其中素人主播占绝大多数。在网络有声书创作中，素人主播的作用各有利弊。一方面，素人主播满足了听众的喜好差异，避免了专业播音"千人一面"的情况；另一方面，现阶段网络平台的低门槛虽然为素人主播提供了展示平台和就业机会，但部分素人主播的播讲水平和质量有待提升。

高质量的有声书创作对播讲者的用声技巧和播讲水平提出了较高要求。在网络有声书人声创作中，由科班主播播讲的有声书作品，往往具有较高的播讲质量和较好的传播效果；但也有一些素人主播存在普通话不标准、方言口音浓重、捏挤嗓音、压喉说话、拿腔拿调、重音不准确等问题，从而使听众生厌，影响有声书作品的传播效果，这在播讲创作中是不可取的。

【训练1：字音矫正】

训练提示：说好标准普通话是人声创作的基础，请按照拼音准确朗读并记忆以下加点字词的读音。

扉页	fēi	气氛	fēn	分外	fèn
讣告	fù	亘古	gèn	供给	gōng jǐ
佝偻	gōu lóu	禁锢	gù	桎梏	gù

粗犷	guǎng	皈依	guī	鳜鱼	guì
颔联	hàn	弹劾	hé	干涸	hé
附和	hè	徘徊	huái	污秽	huì
教诲	huì	和面	huó	汲取	jí
脊梁	jǐ	给养	jǐ	忌妒	jì du
憎恨	zēng	锃亮	zèng	箴言	zhēn
编纂	zuǎn	停滞	zhì	贮存	zhù

【训练2：字音辨析】

训练提示：普通话中有很多容易读错的字音，请查字典确认以下字词的正确读音，并准确清晰地进行朗读。

摒弃	惩罚	铜臭	颠簸	骁勇	瑕疵
提防	打点	五更	适当	倒嗓	供给

歃血为盟　　振聋发聩　　稗官野史　　纵横捭阖

瞠目结舌　　暴殄天物　　揠苗助长　　良莠不齐

【训练3：绕口令练习】

训练提示：初学绕口令不要只求语速快，而要使每个字的发音清晰准确。请先放慢语速，加强唇与舌的力量，让每一个字的发音达到标准，再渐渐加快语速。

白庙外蹲一只白猫，白庙里有一顶白帽。
白庙外的白猫看见了白帽，叼着白庙里的白帽跑出了白庙。

粉红墙上画凤凰，凤凰画在粉红墙。
红凤凰、粉凤凰，红粉凤凰、花凤凰。

一座棚傍峭壁旁，峰边喷泻瀑布长，
不怕暴雨瓢泼冰雹落，不怕寒风扑面雪飘扬，
并排分班翻山攀坡把宝找，聚宝盆里松柏飘香百宝藏，
背宝奔跑报矿炮劈山，篇篇捷报飞伴金凤凰。

打南边来了个喇嘛，手里提拉着五斤鳎目。

打北边来了个哑巴，腰里别着个喇叭。

南边提拉着鳎目的喇嘛要拿鳎目换北边别着喇叭的哑巴的喇叭。

哑巴不愿意拿喇叭换提拉着鳎目的喇嘛的鳎目，喇嘛非要拿鳎目换别着喇叭的哑巴的喇叭。

喇嘛抢起鳎目抽了别着喇叭的哑巴一鳎目，

哑巴摘下喇叭打了提拉着鳎目的喇嘛一喇叭。

也不知是提拉着鳎目的喇嘛抽了别着喇叭的哑巴一鳎目，

还是别着喇叭的哑巴打了提拉着鳎目的喇嘛一喇叭。

只知道喇嘛回家炖鳎目，哑巴嘀嘀嗒嗒吹喇叭。

【训练4：古诗文朗读】

训练提示：古诗文朗读是练习准确吐字发音的有效方法，良好的吐字发音也是古诗文朗读的基础。朗读时请注意普通话的声母、韵母和声调的准确发音。

望　岳
杜　甫

岱宗夫如何？齐鲁青未了。

造化钟神秀，阴阳割昏晓。

荡胸生曾云，决眦入归鸟。

会当凌绝顶，一览众山小。

春夜喜雨
杜　甫

好雨知时节，当春乃发生。

随风潜入夜，润物细无声。

野径云俱黑，江船火独明。

晓看红湿处，花重锦官城。

山居秋暝
王　维

空山新雨后，天气晚来秋。
明月松间照，清泉石上流。
竹喧归浣女，莲动下渔舟。
随意春芳歇，王孙自可留。

钱塘湖春行
白居易

孤山寺北贾亭西，水面初平云脚低。
几处早莺争暖树，谁家新燕啄春泥。
乱花渐欲迷人眼，浅草才能没马蹄。
最爱湖东行不足，绿杨阴里白沙堤。

黄鹤楼
崔　颢

昔人已乘黄鹤去，此地空余黄鹤楼。
黄鹤一去不复返，白云千载空悠悠。
晴川历历汉阳树，芳草萋萋鹦鹉洲。
日暮乡关何处是？烟波江上使人愁。

第二章

网络人声
创作基础

　　普通话，是我国现代汉语的标准语言。2000 年颁布的《中华人民共和国国家通用语言文字法》确定了普通话和规范汉字作为国家通用语言文字的法律地位。普通话是以北京语音为标准音，以北方官话为基础方言，以典范的现代白话文著作为语法规范的通用语。普通话的使用和推广，消除了各地人民因方言差异而导致的沟通和理解困难，为各民族、各地区的信息交流提供了重要的手段和保障。

　　在网络文化日益兴盛的今天，各种方言的网络表达日渐崛起。我们鼓励各地方言的"百家争鸣"，而前提是确保普通话在使用和推广方面的基础性作用。在说好流利标准普通话的基础上，学会多种方言表达，实现语言表达的一专多能，是网络人声创作艺术的基础和追求。

中国幅员辽阔，民族多样，历史悠久，中华文化具有海纳百川的包容性。中国语言，包括 56 个民族所使用的 80 种以上的语言和 30 种文字。这些不同种类的地方语言在语音、词汇、语法上差异很大，不同地区或不同民族的人民，常常存在完全听不懂对方话语、无法正常交流的情况。普通话具有使用范围广、清晰易懂的言语特点。无论是在现实生活的沟通中，还是在网络传播中，普通话都是十分必要的传播工具和手段。

第一节　语音矫正

汉语是中国通用语言，现代汉语有标准语（普通话）和方言之分。普通话（Standard Mandarin/Putonghua）是以北京语音为标准音，以北方官话为基础方言，以典范的现代白话文著作为语法规范的通用语。普通话①的前身是明清官话，更早之前被称为"雅言"。早在清末年间，已出现"普通话"一词，清廷 1909 年规定北京官话为"国语"，民国时期多次制定国语读音标准。

1955 年，国家规定通用语言为普通话并在全国推广。2000 年，《中华人民共和国国家通用语言文字法》的颁布确立了普通话和规范汉字作为国家通用语言文字的法律地位。现代普通话跟东南地区方言相比，保留的古音比较少，例如"入声"的消失等。

推广普通话绝不是要排斥地方方言。相反，普通话的广泛使用，可以增进不同地区人民的精神文化和物质文化交流，消除方言隔阂，从而更有利于不同语言文化的传承和发扬。如今，普通话作为联合国工作语言之一，已成为中外文化交流的重要桥梁和外国人学习汉语的首选语言。截至 2015 年，中国约有 70% 的人口具备普通话应用能力。普通话的推广，大大推动了社会经济和文化的发展，提升了人们的生活水平。

想要说好普通话，要从语音清晰、圆润动听、字调分明、语调自然四

---

①　1955 年确定现代标准汉语名称由"国语"改称"普通话"。

个方面入手。

一、语音清晰

人们在日常生活中常常会遇到这样的情况：与人交流，对方听不清自己的表述，故而只能一再重复；观看网络短视频，如果不看字幕根本听不清在讲什么；聆听当下流行歌曲，感觉旋律上口却不知其歌词所云；等等。造成言语交流困难的因素主要有两个方面：一是吐字不清，唇舌无力，导致发音时字音变调；二是方音过重，语音差异大，不同方言区的受众之间难以理解。解决言语交流障碍，就要力求语音清晰易懂，避免方音过重，尽量让自己的方音向普通话的标准语音靠近。

字音是否清晰，与声母的发音有着密切关系。普通话的声母是由辅音充当的，辅音的发音往往短促有力，且处在字音的开头位置，可以起到分隔字音的作用。普通话的声母有 21 个，分别是 b、p、m、f、d、t、n、l、g、k、h、j、q、x、zh、ch、sh、r、z、c、s。大多数普通话学习者会出现平翘舌音不分、尖音过重、n 与 l 不分等情况。此处重点学习较难的普通话声母发音。

（一）z、c、s 与 zh、ch、sh、r

平舌音 z、c、s 是舌尖前音。发音时，舌尖平伸，向上与上门齿背面接触或接近，形成阻碍，发出声音。翘舌音 zh、ch、sh、r 是舌尖后音。发音时，舌尖稍向后缩，向上齿龈后部翘起与其接触或接近，形成阻碍，发出声音。例如：

纯粹　财产　振作　种族　制作　市场　赞助　私事　主持　忠诚
深思　哨所　操场　子嗣　楚辞　四川　创作　真挚　传承　城镇

（二）j、q、x

j、q、x 是舌面音。发音时，舌尖下垂于下门齿背后，舌面隆起向上接触或接近硬腭前部，形成阻碍，发出声音。舌面音 j、q、x 与 i、ü 相拼合的音，叫作"团音"；舌尖前音 z、c、s 与 i、ü 相拼合的音，叫作"尖音"。普通话的发音只有团音，没有尖音。

一些人将舌面音 j、q、x 发得太靠前，容易产生尖音，这是不正确的。容易发出尖音的人，发 j、q、x 音时，建议舌尖不要用力，舌体稍稍后缩，尽量不要碰到牙齿。一般吴方言地区居民、年轻女性等发音时容易出现尖音。避免尖音，会让语言表达听起来更加大方得体、悦耳和谐。例如：

席卷　细节　坚强　奇迹　进取　清晰　心情　技巧　戏曲　星期
星球　期许　枪击　衔接　千秋　全家　确切　群居　掀起　减轻

（三）n 与 l

n 和 l 都是舌尖中音。发音时，舌尖和齿龈前部接触，形成阻碍，发出声音。有所区别的是，发 n 音时，口腔通道堵塞，鼻腔通道打开，气流从鼻腔通过，所以它是鼻音；发 l 音时，鼻腔通道关闭，口腔两边留有空隙，气流从舌两侧通过，所以它是边音。

如果分辨 n 和 l 的发音有困难，在发 l 音时，嘴角可以稍稍向两侧咧，以便气流通过，发音会更加清晰。例如：

能力　年龄　奶酪　理念　辽宁　留念　历年　两难　浓烈　耐力
内陆　男篮　奴隶　冷落　玲珑　邻里　能量　难料　男女　浏览

（四）f 与 h

f 和 h 都是清擦音，但它们的发音部位不同。f 是唇齿音，上齿与下唇接触发音；h 是舌根音，舌根向后与软腭小舌接触发音。明确二者发音部位，并且强化听觉和发音训练，有助于分辨 f 和 h 的发音。一些语词的 f 和 h 发音分辨困难，是由其拼合的韵母造成的。比如"福建"的"福"，是由 f 与 u 相拼，由于 u 的舌位靠后，以至 f 的发音部位后移，因而与"湖"的发音混淆。例如：

符号　发挥　凤凰　合肥　护肤　回复　丰富　犯法　夫妇　花费
发货　汉服　合法　复合　互换　分红　符合　黄昏　防护　化肥

二、圆润动听

拥有悦耳动听的嗓音并不完全依靠天赋，后天的科学发声训练可以美化音色，而韵母发音圆润动听是音色悦耳的关键。

韵母，是汉语音节中声母后边的部分。在普通话中，韵母共有 39 个。单元音韵母 10 个，分别是 a、o、e、ê、i、u、ü、-i（前）、-i（后）、er。复合元音韵母 13 个，其中二合前响复韵母 4 个，分别是 ai、ei、ao、ou；二合后响复韵母 5 个，分别是 ia、ie、ua、uo、üe；三合中响复韵母 4 个，分别是 iao、iou、uai、uei。鼻尾音韵母 16 个，其中前鼻音 8 个，分别是 an、en、in、ian、uan、uen、üan、ün；后鼻音 8 个，分别是 ang、eng、ing、iang、uang、ueng、ong、iong。

大多数普通话学习者会受到家乡方言的影响，说普通话时夹杂着地方口音，比如前后鼻音不分，发音过扁，发音位置过于靠后，等等。大多数情况下，夹杂方音是普通话韵母发音不到位或发音位置不准确造成的。此处主要学习普通话中重点韵母的发音方法和分辨技巧。

（一）ai、an、ian

单元音 a 是央低不圆唇元音，发音部位在口腔中央偏低位置。但在复韵母 ai、an、ian 中，受到高元音 i 和鼻音 n 的影响，a 的发音位置会产生变化，舌位会变得略高一些。

这里要注意，发 ai、an、ian 音时发音动作的过与不及。有些人发音时口腔开度和动程不够，会将这三个音发得较扁，听起来小气；也有些人发音时口腔开度过大，a 音位置过于靠后，听起来生硬。例如：

蓝天　代办　赞叹　白菜　玩伴　拍卖　惨淡　演练　渐变　前言
怠慢　外卖　谈判　检验　鲜艳　偏见　案件　裁剪　半年　泰安

（二）ao 与 ou

ao 音是从 a 开始，舌向后缩并向 o 的方向滑动升高；ou 音是由 o 开始，舌面向 u 的方向滑动升高。两个音的尾音都大体接近单元音 u，但舌位略低，唇形渐圆。

发 ao 音和 ou 音要注意避免归音位置过于靠后。发音时，时刻谨记"声挂前腭"，注意提颧肌让字音从人中的位置发出并向前输送。例如：

老头　走掉　草包　叩首　偷盗　售楼　守候　头筹　抖擞　楼道
拗口　要好　桥头　逃走　头套　泡好　抛售　草帽　巧妙　镣铐

（三）ang 与 ong

ang 和 ong 都是后鼻音韵母。发出 a 音或 o 音后，舌体要抬高向软腭移动，同时软腭和小舌下降，封闭口腔通道，打开鼻腔通道，气流从鼻腔通过。

这里要注意的是，发音时后鼻音不可过分靠后。根据"后音前发"的原则，打开鼻腔通道后，要让字音向前沿着软腭、硬腭再至人中发出。例如：

共同　空中　纵容　慌张　希望　向往　飞翔　浓重　中东　隆冬
张狂　烫伤　汪洋　流浪　冻疮　上供　皇上　愿望　帮忙　探望

（四）en 与 eng、in 与 ing

这是两组前后鼻音的辨析。前后鼻音一直是困扰南方学生的一大发音问题。普通话的复合韵母的发音是由几个单韵母"滑动"而成的，前后鼻音也是如此。en 音是由 e 到 n 两个动作的连接滑动，eng 音是由 e 到 ng 两个动作的连接滑动。因此，发音时口型要有相应的变化。

en 和 eng 的发音口型变化非常明显，前鼻音 en 的整体口型较小，发音位置靠前，从 e 音出发，舌尖向前轻抵上齿龈；后鼻音 eng 的整体口型较大，发音位置靠后，从 e 音出发，舌根向后接触软腭，牙关会有微微打开的动作。

in 和 ing 的发音也是如此。发音从 i 出发，向 in 和 ing 滑动，同时注意口型的大小控制。例如：

频繁　亲生　民心　成就　轻声　明星　境地　粉刺　更正　城镇
绅士　清真　金陵　陈旧　声势　清蒸　真诚　省份　聆听　倾盆

（五）uan 与 üan

uan 与 üan 的发音是比较容易"偷懒"的。发 uan 音和 üan 音要经过三个单元音韵母的滑动，而很多人会出现口腔开度和动程不够的情况，也就是"立字"不到位，发出的字音听起来窄小、干瘪。

正确的发音是从元音 u 或 ü 出发，舌位向前 a 滑动。受到前后音发音位置较高的影响，舌位也会变高，接续鼻尾音 n。口形由合到开再到合，唇形由圆到展。

这里要注意字腹 a 音的"立字"展开，不可一带而过，要清晰、到位。例如：

涓涓　眷恋　传唤　专断　还款　婉转　圆满　晚宴　转圈　算盘

渊源　全员　轩辕　盘旋　团圆　眷恋　捐款　宣传　款款　锻炼

【训练 1：字音矫正】

训练提示：请准确读出以下多音字、易错字的读音，注意每个加点字字音的吐字归音，使字音清晰准确、圆润动听。

绮丽	qǐ	休憩	qì	悭客	qiān
倩影	qiàn	蹊跷	qiāo	地壳	qiào
奖券	quàn	霎时	shà	衣裳	shang
晌午	shǎng	游说	shuì	吮吸	shǔn
挑剔	ti	悲恸	tòng	迷惘	wǎng
逶迤	wēi yí	狡黠	xiá	纤细	xiān
骁勇	xiāo	混淆	xiáo	肖像	xiào
要挟	xié	采撷	xié	机械	xiè
星宿	xiù	酗酒	xù	戏谑	xuè
殷红	yān	俨然	yǎn	赝品	yàn
呜咽	yè	笑靥	yè	肄业	yì
游弋	yì	造诣	yì	喑哑	yīn

【训练 2：绕口令练习】

训练提示：初学绕口令不要只求语速快，而要使每个字的发音清晰准确。请先放慢语速，加强唇与舌的力量，让每一个字的发音达到标准，再渐渐加快语速。

哥挎瓜筐过宽沟，赶快过沟看怪狗，
光看怪狗瓜筐扣，瓜滚筐空哥怪狗。

老龙恼怒闹老农，老农怒恼闹老龙，

农怒龙恼农更怒，龙恼农怒龙怕农。

山前有四十四棵死涩柿子树，山后有四十四只石狮子。

山前的四十四棵死涩柿子树，涩死了山后的四十四只石狮子。

山后的四十四只石狮子，咬死了山前的四十四棵死涩柿子树。

不知是山前的四十四棵死涩柿子树涩死了山后的四十四只石狮子，

还是山后的四十四只石狮子咬死了山前的四十四棵死涩柿子树。

【训练3：古诗文朗读】

训练提示：古诗文朗读是练习准确吐字发音的有效方法，良好的吐字发音也是古诗文朗读的基础。朗读时请注意普通话的声母、韵母和声调的准确发音。

望月怀远
张九龄

海上生明月，天涯共此时。

情人怨遥夜，竟夕起相思。

灭烛怜光满，披衣觉露滋。

不堪盈手赠，还寝梦佳期。

次北固山下
王 湾

客路青山外，行舟绿水前。

潮平两岸阔，风正一帆悬。

海日生残夜，江春入旧年。

乡书何处达？归雁洛阳边。

望天门山
李 白

天门中断楚江开，碧水东流至此回。

两岸青山相对出，孤帆一片日边来。

行路难（其一）

李 白

金樽清酒斗十千，玉盘珍羞直万钱。

停杯投箸不能食，拔剑四顾心茫然。

欲渡黄河冰塞川，将登太行雪满山。

闲来垂钓碧溪上，忽复乘舟梦日边。

行路难！行路难！多歧路，今安在？

长风破浪会有时，直挂云帆济沧海。

蜀 相

杜 甫

丞相祠堂何处寻，锦官城外柏森森。

映阶碧草自春色，隔叶黄鹂空好音。

三顾频烦天下计，两朝开济老臣心。

出师未捷身先死，长使英雄泪满襟。

三、字调分明

汉语是世界上为数不多的声调语言，即用声调可以区别词义的语言。英语、法语、德语等很多语言都属于非声调语言，即语调语言，这些语言声调的变化不会使词义有所区别。由于非声调语言不能用声调来区别词义，因此音节数量较多，如英语有两三千个音节。而汉语作为声调语言，音节数量只有四百多个。

在日常生活中，声调的起伏变化可以展现个人的性格，表达个人的情感。一般来说，性格外向开朗的人，声调高低起伏明显；性格内向矜持的人，声调没有大起大伏；在表现愤怒的情感时，声调变化幅度大，起落鲜明；在表现亲切的情感时，声调变化幅度小，语气平稳。

声调是汉字的"字神"，它赋予汉语独特的音乐美。声调的多重变化使汉语普通话具有声调鲜明、字音真切、抑扬顿挫、韵律感强等审美特征。普通话声调有四种，分别是阴平、阳平、上声、去声，也就是我们常说的"四声"。可用五度标记法来标记普通话的四种声调。用一条竖线表示声音的高低，由低到高分为五度，分别为低、半低、中、半高、高，用1、2、3、4、5来标记。

阴平：调值是 55，是高平调，不升不降。

阳平：调值是 35，是高升调，从中起音往上扬。

上声：调值是 214，是降升调，先降再扬。

去声：调值是 51，是全降调，从最高降到最低。

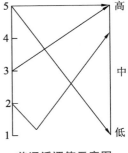

普通话调值示意图

（一）阴平

阴平是由 5 度到 5 度，属于高平调，音高最高，没有高低变化。发音时声音保持高而平，气息平稳有力，不能头重脚轻。实际发音状态是在起音后略微升高一点，末尾稍稍下降一点，首尾高度基本相同。要注意一些方言发音阴平不够高的情况，如东北方言和天津方言发音阴平较低，大概在 3 度或 3 度以下。

（二）阳平

阳平是由 3 度到 5 度直线上升，属于高升调，从中高音起音升到最高音。发音时小腹力量由弱渐强，气息压力逐渐增强。要注意有些人会在阳平起音处有个先降再扬的"拐弯"，这是不正确的。阳平上升时音调不"拐弯"，而是沿着直线上升。

（三）上声

上声是由半低 2 度起音，降到最低 1 度，再升到 4 度，属于降升调。发音时注意声调下降、气息稳定、喉部放松，否则容易挤压喉部发音不通畅。声调上升气息力度渐强，尾音比起音要高，就如同是比画了一个"对勾"的形状。上声是普通话四个声调中发声时长最长、唯一有弯曲变化的声调，因此较难把握。要注意上声在 1 度位置的"拐弯"要平滑顺畅，不要让听者感觉生硬。有些人发上声音时，起音和尾音的音调一样高，这是不正确的。

（四）去声

去声是由最高5度到最低1度，属于全降调。起音后直落到底，干脆利落，气息要稳定、持久、有力。去声是普通话四个声调中发声时长最短的，要注意起音高、落音低，起落差距大。

《播音主持语音与发声》中总结了普通话四个声调的发音口诀，请大家理解并熟练运用。

> 起音高平莫低昂，气势平均不紧张。
> 从中起音向上扬，用气弱起逐渐强。
> 上声先降转上挑，降时气稳扬时强。
> 高扬直送向低唱，强起到弱气通畅。①

在普通话表达中，若两个音节相连，其中的一个音节很容易受到前后音节的影响而产生读音的变化，尤其是以下搭配出现时，往往会形成变调。

阴阴（44，55）：丰收　播音　端庄　阴天　咖啡　香蕉

阳阳（34，35）：长城　团结　黄河　学习　合格　联合

上阴（211，55）：老师　演出　海归　北京　启发　首都

上阳（211，35）：启航　好人　语言　美容　党员　敏捷

上上（35，214）：永远　导演　美好　总理　理解　友好

上去（211，51）：典范　美妙　胆量　访问　写作　想象

去去（53，51）：复制　电视　大会　报告　示范　翠绿

上上上（211，35，214）（单双格）：纸老虎　水产品　小拇指　党小组

上上上（35，35，214）（双单格）：演讲稿　古典美　展览馆　勇敢者

---

① 中国传媒大学播音主持艺术学院. 播音主持语音与发声［M］. 北京：中国传媒大学出版社，2014：98.

四、语调自然

在网络视听创作中，常常会出现类似机器人说话的电子音。这种声音的特点是每个字的发音时长大致相等，语调没有起伏，语音和语速没有轻重缓急的变化，给人以逐字跳跃式发音的感受。在普通话语流中，人们的发音绝不是单个音节毫无变化的简单相加。人们在流畅说话时，咬字器官需要互相配合，达到协调自如的状态，这样才能自然地避免发音拗口，使得一些音节的发音产生相应的读音变化。"在语流中，由于受到相邻音节、音素或语言环境的影响，一些音节、音素会发生约定俗成的语音的变化，这种变化被称为'语流音变'。"①

想要说好普通话，就要掌握各种语流音变的规律和技巧。在汉语普通话中，最典型的语流音变现象有轻声、儿化、变调、词的轻重格式和语气词"啊"的音变。

（一）轻声

在普通话语音中，有些音节会失去原来的声调而读作一个较轻较短的音，也就是轻声。轻声的读音特点是音长缩短、音强减弱，并且轻声在不同调值的字音后面，读音的音高也是不同的。轻声的音高取决于前面音节声调的高低，如桌子、房子、椅子、凳子，同样是发轻声的"子"读音却是不同的。轻声的读音有着一定规律。

阴平＋轻声，读半低调２度：稀罕　窗户　烧饼　答应

阳平＋轻声，读中调３度：行李　苗条　能耐　头发

上声＋轻声，读半高调４度：领子　本事　火候　女婿

去声＋轻声，读低调１度：秀才　木匠　认识　厚道

普通话中还有一部分约定俗成的轻声词，需要培养较好的语感才能娴熟掌握。这些轻声词具有区别词性和词义的作用，可以使语句自然、流畅，口语色彩较为鲜明。例如：

---

① 中国传媒大学播音主持艺术学院．播音主持语音与发声［Ｍ］．北京：中国传媒大学出版社，2014：112．

说说	看看	叫他	请你	豆腐	清楚	是吗	来吧
瓶子	鸟儿	里头	体面	看着	吃了	好的	和尚
云彩	风筝	相声	热闹	差事	葡萄	干粮	巴掌
结结实实		稀里糊涂		慌里慌张		唠唠叨叨	

（二）儿化

儿化不独自成音节，而是在一些音节的末尾会有卷舌动作，形成儿化韵。儿化具有区别词性、区分词义和同音词，表示小、少、喜爱、亲切、蔑视等意思的作用。儿化是普通话和一些北方方言中常见的音变现象，对于很多南方人来说是发音的难点。

1. 直接加卷舌动作

发音要点：音节以 a、o、e、u 结尾，发儿化音时直接加卷舌动作，如 a-ar 的发音。例如：

门口儿	加油儿	小丑儿	刀把儿
号码儿	戏法儿	在哪儿	饭盒儿
小屋儿	纽扣儿	火锅儿	粉末儿
模特儿	逗乐儿	找碴儿	打杂儿

2. 失掉韵尾，加卷舌动作

发音要点：音节以 i、n 结尾（in、un、ün 除外），发儿化音时失掉韵尾，在主要元音上加卷舌动作，如 ai-ar、an-ar、ian-iar、uan-uar 的发音。例如：

牙签儿	露馅儿	名牌儿	鞋带儿
一块儿	脸蛋儿	心眼儿	小孩儿
茶馆儿	落款儿	拐弯儿	好玩儿
小辫儿	照片儿	差点儿	聊天儿

3. 韵腹鼻化，加卷舌动作

发音要点：音节以 ng 结尾，发儿化音时失掉韵尾，韵腹变成鼻化音，软腭下降，口鼻同时共鸣，再加上卷舌动作。例如：

| 花样儿 | 钢镚儿 | 水瓶儿 | 电影儿 |
| 胡同儿 | 抽空儿 | 鼻梁儿 | 透亮儿 |

瓜瓤儿　　　提成儿　　　果冻儿　　　酒盅儿

4. 直接加卷舌音 er

发音要点：韵母是 i、ü 的音节，发儿化音时韵母不变，直接加卷舌音 er。例如：

玩意儿　　　针鼻儿　　　有趣儿　　　毛驴儿

瓜子儿　　　没词儿　　　挑刺儿　　　铁丝儿

墨汁儿　　　金鱼儿　　　小曲儿　　　眼皮儿

5. 失掉韵尾鼻音，加卷舌音 er

发音要点：韵母是 in、un、ün 的音节，发儿化音时失掉韵尾鼻音，在 i、u、ü 音之后加卷舌音 er。例如：

亮音儿　　　树林儿　　　今儿个

短裙儿　　　车轮儿　　　有劲儿

（三）变调

这里主要解决"一"、"不"和重叠词的变调问题。

1. "一"的变调

单读或在序数词中读本调：一　第一

在非去声音节前读音变为去声：一张　一同

在去声音节前读音变为阳平：一个　一块

夹在重叠词中间读轻声：看一看　等一等

2. "不"的变调

在去声音节前读音变为阳平：不坏　不对

夹在两个字中间读轻声：好不好　要不要

除此之外读本调：不听　不能　不美

3. 重叠词的变调

重叠词 AA 式中，一些可把第二个 A 变为阴平：慢慢儿地　远远儿的　好好儿的

重叠词 ABB 式中，一些可把 BB 变为阴平：孤零零　慢腾腾　黑糊糊　湿淋淋

重叠词 AABB 式中，一些可把 BB 变为阴平：支支吾吾　漂漂亮亮

慌慌张张

（四）词的轻重格式

在人们的正常交流中，音节的轻重、长短是不尽相同的。"由于词义或情感表达的需要，词语中的各个音节约定俗成的轻重、长短差别，称为词的轻重格式。"① 很多人带有方言口音，普通话说得不够地道，这是因为没有掌握准确的轻重格式。语言表达中只有发准每个词的轻重格式，才能说一口纯正自然的普通话。

我们将词语的轻重分为"轻""中""重"三种程度。

1. 双音节词：中重、重中、重轻

中重格式：汉字　言行　达到　视频　草原　轨道　附录

重中格式：命运　视觉　听觉　设备　节目　特色　气味

重轻格式：意思　名堂　价钱　便宜　认识　盘算　秀才

2. 三音节词：中中重、中重轻、中轻重、重轻轻

中中重格式：抛物线　建军节　太行山　甲骨文　向日葵

中重轻格式：胡萝卜　拉关系　小姑娘　好意思　鬼主意

中轻重格式：功夫茶　数得着　豆腐渣　势利眼　拨浪鼓

重轻轻格式：回来吧　拿回去　倒过来　吐出来　端进去

3. 四音节词：中重中重、中轻中重、重中中重

中重中重格式：国泰民安　五光十色　美轮美奂　四通八达

中轻中重格式：社会主义　老实巴交　漂漂亮亮　迫不及待

重中中重格式：喜出望外　了如指掌　诸如此类　天伦之乐

（五）语气词"啊"的音变

"啊"作为语气词在不同情况下会有多种变化。除了在句首仍发"a"音外，还有以下六种情况。

1. 读作"ya"

发音要点：前面音节末尾是 a、o、e、i、ü 时，"啊"读作"ya"，

---

① 中国传媒大学播音主持艺术学院．播音主持语音与发声［M］．北京：中国传媒大学出版社，2014：119.

有时也写作"呀"。例如：真多啊（呀）、美味啊（呀）、小花啊（呀）。

2. 读作"ua"

发音要点：前面音节末尾是 u、ao、iao 时，"啊"读作"ua"，有时也写作"哇"。例如：真巧啊（哇）、你好啊（哇）、糊涂啊（哇）。

3. 读作"na"

发音要点：前面音节末尾是 n 时，"啊"读作"na"，有时也写作"哪"。例如：小心啊（哪）、草原啊（哪）、老天啊（哪）。

4. 读作"nga"

发音要点：前面音节末尾是 ng 时，"啊"读作"nga"。例如：很清啊、光芒啊、宽宏啊。

5. 读作"ra"

发音要点：前面音节是 zhi、chi、shi、ri 或 zi、ci、si 时，"啊"读作"za"或"ra"。例如：孩子啊、说的是啊、多吃啊。

【训练 1：字音矫正】

训练提示：请准确读出以下字词的轻声和儿化音。

窟窿	稀罕	窗户	烧饼	交情	花哨
福气	口袋	动静	刺猬	岁数	厚道
嫁妆	利索	棒槌	妥当	累赘	石榴
豆角儿	戏法儿	邮戳儿	粉末儿	小屋儿	
纽扣儿	茶馆儿	落款儿	绕弯儿	心眼儿	
汤圆儿	冒烟儿	胡同儿	图钉儿	果冻儿	

【训练 2：绕口令练习】

训练提示：请根据恰当的语流音变规律，熟练朗读以下绕口令。

牛郎年年念刘娘，刘娘年年念牛郎，
牛郎恋刘娘，刘娘念牛郎，郎念娘来娘念郎。

出东门，过大桥，大桥底下一树枣儿，
拿着竿子去打枣儿，青的多红的少。

一个枣儿、两个枣儿、三个枣儿……十个枣儿，

十个枣儿、九个枣儿、八个枣儿……一个枣儿。

这是一个绕口令儿，一气儿说完才算好。

进了门儿，倒杯水儿，

喝了两口儿运运气儿，顺手儿拿起小唱本儿，

唱一曲儿，又一曲儿，练完了嗓子我练嘴皮儿，

绕口令儿，练字音儿，还有单弦牌子曲儿，

小快板儿，大鼓词儿，越说越唱我越带劲儿。

【训练 3：古诗文朗读】

训练提示：请以恰当的风格、基调朗读以下古诗文，注意语调的流畅与语气的起伏变化。

春　望

杜　甫

国破山河在，城春草木深。

感时花溅泪，恨别鸟惊心。

烽火连三月，家书抵万金。

白头搔更短，浑欲不胜簪。

旅夜书怀

杜　甫

细草微风岸，危樯独夜舟。

星垂平野阔，月涌大江流。

名岂文章著，官应老病休。

飘飘何所似，天地一沙鸥。

登金陵凤凰台

李　白

凤凰台上凤凰游，凤去台空江自流。

吴宫花草埋幽径，晋代衣冠成古丘。

三山半落青天外，二水中分白鹭洲。

总为浮云能蔽日，长安不见使人愁。

雁门太守行

李　贺

黑云压城城欲摧，甲光向日金鳞开。

角声满天秋色里，塞上燕脂凝夜紫。

半卷红旗临易水，霜重鼓寒声不起。

报君黄金台上意，提携玉龙为君死。

第二节　嗓音调节

常言道，未见其人，先闻其声。每个人的嗓音都是独一无二的，具有鲜明的标志性和辨识度。长期以来，广播电视中播音员、主持人磁性悦耳的嗓音是人们心目中的"典范"，令很多人难以望其项背。其实，真正的好音色并非只属于播音员和主持人，悦耳的嗓音是可以通过科学合理的发声方法进行调节的，实现嗓音的美化和提升。

在日常交流中，嗓音调节的方法主要包括四个方面：吐字清晰、轻巧，气息顺畅，共鸣和谐，嗓音舒适。

一、吐字清晰、轻巧

在日常交流和网络人声创作中，想要良好的嗓音音色，就要先做到吐字清晰、轻巧，这对吐字提出了两个方面的要求，即清晰与巧劲。吐字清晰是普通话音律响亮的具体体现。想要做到吐字清晰，就要做到说话时

"张嘴"（打开口腔）。吐字的巧劲，是普通话吐字归音的必然要求，也是吐字的核心理念。"巧"并非是要像播音员那样字字达到吐字归音的标准，而是能根据语义轻重，敢收敢放，强调与带过相结合，将力量用在重点词句的表达上。

（一）普通话音律响亮

1. 音节结构简单鲜明

普通话的一个音节最多由四个音素组成，一般由辅音开头，中间为元音，结尾为辅音。任何一个音节都会有一个发音最响亮的元音，是这个音节最主要、最响亮的部分，被称为"字腹"。汉语音节没有类似英语、俄语出现几个辅音连在一起的情况。因此，想要说好普通话，就要把每一个音节都发得清楚，才不会有歧义。

2. 发音响亮

普通话的一个音节最多可以连续出现三个元音，而且与辅音相比，元音在音节中的发声时间更长。元音是声带振动后，气流不受阻碍发出的，是一种乐音；辅音是气流通过口腔时受到一定的阻碍发出的，是一种噪音。因此，元音占主要成分的普通话，其特点是发音响亮、乐音较多。

3. 音律感强

汉语是一门声调语言，不同声调的音节具有不同的语义。普通话有阴、阳、上、去四个声调，每个声调各自具有高、扬、转、降的特点，高低分明，音律感强。古诗词的吟咏与朗诵，现代诗和散文的朗读，无不是对汉语音律之美的展现。在网络人声创作中，对于普通话的发音不能仅仅停留在使人听懂的水平，领悟和传播普通话的音律之美，是每个发声者的责任和义务。

（二）吐字要"张嘴"

很多人说话有嘴巴"懒惰"的习惯，说话没有完全张开嘴巴，字音怎么能发得清晰呢？想要吐字清晰，就要张嘴，打开口腔，给唇舌充分的活动空间，这样才能找准每一个字音的发音位置。那么，怎样才能充分打开口腔呢？有以下四个方面要领。

1. 睁眼提颧肌

颧肌是人的颧骨到上唇外侧及嘴角部位的肌肉。颧肌上提，最好的办法是让眼睛微微睁大，表情兴奋，从而带动颧肌提起，鼻孔略微张开，上唇展开贴住上齿，唇齿相依，发挥唇部力量。提颧肌不是咧嘴笑，而是使嘴角保持上扬的状态。

2. 微笑打牙关

牙关是人的下颌与头骨的连接点，也是口腔开合的关键部位。打牙关不是张大嘴，而是打开后槽牙，充分打开口腔后部。打开牙关可以增加下颌的开度，扩大口腔空间。伴随着微笑打开牙关，会让发音点集中在上颌前部，即人中的位置，从而释放了下颌的力量。

3. 打哈欠挺软腭

软腭在人的口腔硬腭后部，连接着小舌。挺软腭，是指将软腭适度抬起，扩大口腔容积，增加口腔共鸣，使吐字更加清晰、发音更加饱满。通常可以用"打哈欠"的动作来体会软腭挺起的状态，注意软腭不要过高抬起，动作过大会让发音位置过于靠后。

4. 放松忘记下巴

松下巴，是放松人的下颌骨，下巴放松微微向后缩。下巴放松要"不着意，也不着力"，也就是不把注意力放在下巴上，或者说忘记自己有下巴。放松下巴有利于打开口腔，扩大口腔空间，也可以促进喉部和胸部的放松，使发音通畅自如。

（三）力求吐字归音

根据中国古典戏曲艺术的发音特点，我们可以把一个音节分为字头、字腹、字尾三个部分。如何划分一个音节的头、腹、尾呢？字头是字腹之前的声母加上韵头的部分；字腹是主要元音，即音节中开口度最大的元音；字尾是字腹之后的元音加辅音的部分。吐字归音的要领有四点。

1. 字头有力，叼住弹出

出字要有力，这个力指的是巧劲，而不是拙力。就像大老虎叼着小老虎过山涧一样，叼得太紧，小老虎会被咬死；叼得太松，小老虎会掉下去。

2. 字腹饱满，拉开立起

字腹饱满要求主要元音的发音清晰完整、共鸣充分。拉开立起，指主要元音的开度足够大、时长够长，有一种展开立起的感觉。我们说的"立字"，实际上就是在一个音节里突出字腹的过程。

3. 字尾归音，弱收到位

字尾发音时，口腔由开到闭，肌肉渐渐放松，但是趋向鲜明，注意咬字不要咬得太死。

4. 整个字音成"枣核型"

如果做到了以上三点，那么字音应该成"枣核型"，特点是两头小、中间宽，吐字应该有这样的颗粒感。

二、气息顺畅

在日常生活中，我们常说一个人"精神焕发""中气十足"。的确，良好的气息可以反映人的精神面貌，也关系着人的声音状态。在网络人声创作中，气息的顺畅扎实，是言语发声的根基和动力。

朗诵时你是否会感到气息不够？来不及换气？怎样能让气息充足、稳健、持久呢？这就需要朗诵者学会使用"丹田气"来发声。在播音发声学中运用的胸腹联合式呼吸，是言语发声最合适的气息方式。我们要分别掌握这一吸气和呼气的技巧。

（一）吸气技巧

（1）准备。

小腹微微收缩，保持稳定，形成准备状态。小腹微收，不是用力向前或向后，而是一种紧绷的感觉，小腹就像拳头一样，用力攥紧。我们可以试着抬一张很重的桌子，在用力抬桌子时，小腹的状态就是紧绷的。

（2）进气。

口鼻同时进气，胸廓张开，肋下扩张。口鼻同时进气非常重要，有人习惯闭口用鼻子吸气，这样会有明显的呼吸声。正确的做法是，口部自然放松，吸气时口部留有一个缝隙即可。膈肌下降，肺部空间在胸廓带动下扩大，两肋下方也会向两侧扩张，气吸至肺的底部。我们可以将双手放在自己两侧肋骨处，并用力向内按压，两侧肋骨用力对抗双手的力量向外运动，这样可以找到两肋扩张的感觉。

（二）呼气技巧

（1）准备。

小腹收缩，膈肌和其他吸气肌肉群不放松。发声时，呼气是受到控制，而不是放任自流的。与吸气不同的是，呼气时小腹虽然收缩，但是膈肌不马上回弹，两肋也不马上回缩，这样就形成了对抗力量，使呼气动作受到控制。

（2）出气。

气流有控制地呼出，推动发音器官发声，产生语流。控制呼气的目的，是保证气息能够持久、稳定，为长时间、高强度的发声提供动力。这里要注意的是，吸气和呼气的几个动作是连贯的，不可变成分段动作。呼吸过程要自然而不刻意。

【训练1：字音矫正】

训练提示：请以顺畅扎实的气息和清晰轻巧的吐字，准确读出以下字词的读音。

屏气	悼念	跌打	磨坊	复习	巷子
枸杞	簸箕	雪茄	饥荒	混淆	可汗

罄竹难书	老骥伏枥	咄咄逼人	扪心自问
螳臂当车	曲高和寡	杯水车薪	阴差阳错

【训练2：绕口令练习】

训练提示：请放慢语速，加强唇与舌的力量，力求吐字归音清楚到位。同时，长句子的换气要从容稳健。

巴老爷有八十八棵芭蕉树，
来了八十八个把式要在巴老爷八十八棵芭蕉树下住。
巴老爷拔了八十八棵芭蕉树，
不让八十八个把式在八十八棵芭蕉树下住。

八十八个把式烧了八十八棵芭蕉树,

巴老爷在八十八棵芭蕉树边哭。

男旅客穿着蓝上装,女旅客穿着呢大衣,

男旅客扶着拎篮子的老大娘,女旅客搀着拿笼子的小男孩儿。

化肥会挥发,黑化肥发灰,灰化肥发黑。

黑化肥发灰会挥发,灰化肥挥发会发黑。

黑化肥挥发发灰会挥发,灰化肥挥发发黑会发挥。

黑灰化肥会挥发发灰黑化肥挥发,灰黑化肥会挥发发黑灰化肥发挥。

【训练3:古诗文朗读】

训练提示:请以标准的吐字归音来朗读以下古诗文,注意气息与情感的变化运用。

赋得古原草送别
白居易

离离原上草,一岁一枯荣。

野火烧不尽,春风吹又生。

远芳侵古道,晴翠接荒城。

又送王孙去,萋萋满别情。

江畔独步寻花
杜　甫

黄四娘家花满蹊,千朵万朵压枝低。

留连戏蝶时时舞,自在娇莺恰恰啼。

金　缕　衣
杜秋娘

劝君莫惜金缕衣,劝君惜取少年时。

花开堪折直须折,莫待无花空折枝。

望天门山

李 白

天门中断楚江开，碧水东流至此回。

两岸青山相对出，孤帆一片日边来。

将 进 酒

李 白

君不见黄河之水天上来，奔流到海不复回。

君不见高堂明镜悲白发，朝如青丝暮成雪。

人生得意须尽欢，莫使金樽空对月。

天生我材必有用，千金散尽还复来。

烹羊宰牛且为乐，会须一饮三百杯。

岑夫子，丹丘生，将进酒，杯莫停。

与君歌一曲，请君为我倾耳听。

钟鼓馔玉不足贵，但愿长醉不愿醒。

古来圣贤皆寂寞，惟有饮者留其名。

陈王昔时宴平乐，斗酒十千恣欢谑。

主人何为言少钱，径须沽取对君酌。

五花马，千金裘，

呼儿将出换美酒，与尔同销万古愁。

三、共鸣和谐

在网络人声创作中，嗓音音色的好坏与发声的舒适度都是非常重要的。想要发音时保持喉咙舒适、不疲劳，音色悦耳，就需要发声者掌握共鸣的技巧和方法。丰富的共鸣调节，可以让人的声音优美动听。言语发声中常用的共鸣方式有三种，分别是胸腔共鸣、口腔共鸣和鼻腔共鸣。

（一）胸腔共鸣

胸腔共鸣是音高最低的共鸣，带有饱满浑厚的声音色彩，声音扎实厚重，给人以诚恳可信之感。想要声音有磁性、有魅力，加强胸腔共鸣是很有效的方法。

（1）喉部放松能产生胸腔共鸣。

喉部越放松，胸腔共鸣的开口越大，共鸣声音自然越丰富。喉部放松的感觉，就是喉部带动下巴和胸部轻轻下移。我们可以将手放到胸前，感受喉部、下巴、胸腔一起微微下移放松的感觉。言语发声中，要避免喉部过紧、声音挤压，致使音色单薄苍白、缺少胸腔共鸣的情况。

（2）发音较低能获得胸腔共鸣。

胸腔共鸣状态发出的声音较低，反过来说，发较低的声音更容易引起胸腔共鸣。如果发音较高，不仅不能产生胸腔共鸣，而且容易使声音变得单薄。此外，使用较低的声音说话会增加稳重威严之感，有利于塑造端庄优雅的气质。

（3）舌位靠后能增强胸腔共鸣。

舌位靠前，口腔空间小，音色单薄小气；舌位靠后，口腔空间大，音色厚实饱满。同样的，厚实饱满的音色，也会相应增强胸腔共鸣。

（二）口腔共鸣

口腔共鸣是中音共鸣，它的主要作用是让字音清晰、发音圆润，也就是人们常说的"口齿清楚，发音动听"。大众认为专业播音员、主持人的声音好听，其实不仅仅是因为他们的音色优美，更重要的原因是他们的吐字非常圆润饱满。这就需要我们唇舌灵活，唇齿相依，打开口腔，增强口腔共鸣。

（1）唇舌要灵活。

唇与舌都要灵活积极，活动自如。我们要坚持口部操的训练，每日练声要达到一定训练量，持之以恒，以增强唇舌的力量感和灵活性。

（2）唇齿要相依。

说话时不能养成噘唇的习惯，噘唇说话不仅不美观，还会使声音沉闷，影响音色。唇齿要相依，上唇贴上齿，下唇贴下齿，发音力量集中在双唇的中纵线处。唇齿贴近之后保持口型微笑的状态，这样可以使声音变得积极、有活力。

（3）打开口腔不等于张大嘴。

打开口腔，是指打开口腔的后部，找到类似于打哈欠的感觉。同时打开后槽牙，软腭挺起，让口腔有充分的空间进行吐字活动。双唇不用张得太开，收回至自然状态即可。

（三）鼻腔共鸣

鼻腔共鸣是高音共鸣，适当的鼻腔共鸣可以增加声音的亮度。自身声音比较低沉的人，可以适当利用鼻腔共鸣，为声音增加明亮的色彩。自身音色较明亮的人，应尽量避免鼻腔共鸣，而应拓展口腔和胸腔共鸣。

控制鼻腔共鸣的方法是软腭的上升与下降。软腭是控制鼻腔共鸣的阀门，软腭抬起，可以阻塞鼻腔通道，鼻音就消失了；软腭降低，气流从鼻腔通过，会产生一定的鼻音色彩。

四、嗓音舒适

判断发声习惯是否正确，有一个很简单的办法，就是感受在长时间、高强度的发声之后，嗓子会不会疲惫、沙哑，甚至疼痛。如果有这样的情况，则说明需要调整和改变发声方法。也就是说，在日常发声和网络人声创作中，嗓音是否舒适是一条硬指标，舒适的嗓音不仅能让自己的发声持久健康，还能给听者带来良好的听觉体验。

通过音色的虚实变化，以及音量与音长的不同变化，可以适当调节嗓音的舒适度和持久性。

（一）虚实声的变化

想要嗓音有丰富的变化，就要学会虚实声的变化运用。我们可以通过调整发声方式来改变自己的音色。在发声时，喉部的两侧声带可以相互并拢，也可以打开，声门的闭合也是可松可紧的。

（1）声门紧闭发出实声。

用实声发音时，声门紧闭没有缝隙，没有气流摩擦声，声带适度紧绷，声音明亮有力。注意用实声发音时声带不能过紧，过于用力会挤压声带，使音色喑哑。

（2）声门张开发出虚声。

用虚声发音时，声门张开有较大缝隙，气流摩擦声较大，相当于气声。虚声的音色较弱，气流声音大，使用虚声可以表现悲伤哀怨、软弱无力、温柔多情的状态。

（3）虚实声结合。

虚实声发音时，声门放松略有缝隙，有气流摩擦声，即实声与少量气声相结合发音。这种声音柔和、悦耳、亲切、真诚，使人感到舒适，易于接受。

不同的音色变化，可以表现迥然不同的感情色彩。一般来讲，实声呈现严肃、郑重的色彩，虚声呈现温柔、虚弱的色彩，虚实声呈现平和、舒适的色彩。

（二）音量与音长的不同变化

（1）音量适中，切忌叫喊。

网络人声的创作和传播是以电子设备为基础的。电子设备对于音量变化的适应性较差，音量过大不仅会使声音失真，还会给受众带来不适感。网络言语发声的音量适中即可，不可过小或者过大。一些带货主播面对镜头激动地大喊大叫，甚至不惜喊哑嗓子，这样的言语表达是不可持久的，会让受众生厌，十分不可取。

（2）拓展音长的变化能力和嗓音的持久性。

拓展音长的变化能力，需要科学地对喉部进行有效控制，以较强的耐力适应较长时间的用嗓需求。加强锻炼喉部的耐力，有利于保持喉部健康，避免用嗓过度导致疲劳。一些长时间的直播，对嗓音的消耗较大，因此需要发声者有较强的喉部耐受力，以适应较长时间的高强度用声。此外，以音节长度为基础的语句速度变化，有助于形成表达节奏的变化，从而加强言语发声的表现力。

【训练 1：字音矫正】

训练提示：请用舒适悦耳的音色，准确读出以下字词的语音语调。

含英咀华	吹毛求疵	汗流浃背	快快不乐
大笔如椽	莘莘学子	舐犊情深	奴颜婢膝
焚膏继晷	蚍蜉撼树	刚愎自用	风声鹤唳
鳞次栉比	命运多舛	繁文缛节	众口铄金

【训练 2：绕口令练习】

训练提示：请用合适的声音色彩和共鸣方式，熟练朗读以下绕口令。

同姓不能念成通信，通信也不能念成同姓。

同姓可以互相通信，通信可不一定同姓。

一二三，三二一，一二三四五六七，

七六五四三二一，七个姑娘来聚齐。

七只花篮手中提，一齐来到果园里，

摘的是槟子、橙子、橘子、柿子、李子、栗子、梨。

姥姥喝酪，酪落姥姥捞酪；舅舅捉鸠，鸠飞舅舅揪鸠。

妈妈骑马，马慢妈妈骂马；妞妞轰牛，牛拗妞妞拧牛。

【训练 3：古诗文朗读】

训练提示：请结合古诗文的主题，用恰当的声音色彩和共鸣方式进行朗读。

登鹳雀楼
王之涣

白日依山尽，黄河入海流。

欲穷千里目，更上一层楼。

月下独酌
李 白

花间一壶酒，独酌无相亲。

举杯邀明月，对影成三人。

月既不解饮，影徒随我身。

暂伴月将影，行乐须及春。

我歌月徘徊，我舞影零乱。

醒时相交欢，醉后各分散。

永结无情游，相期邈云汉。

凉 州 词
王之涣

黄河远上白云间，一片孤城万仞山。

羌笛何须怨杨柳，春风不度玉门关。

枫桥夜泊
张 继

月落乌啼霜满天，江枫渔火对愁眠。

姑苏城外寒山寺，夜半钟声到客船。

宣州谢朓楼饯别校书叔云
李 白

弃我去者，昨日之日不可留；

乱我心者，今日之日多烦忧。

长风万里送秋雁，对此可以酣高楼。

蓬莱文章建安骨，中间小谢又清发。

俱怀逸兴壮思飞，欲上青天览明月。

抽刀断水水更流，举杯消愁愁更愁。

人生在世不称意，明朝散发弄扁舟。

白雪歌送武判官归京
岑 参

北风卷地白草折，胡天八月即飞雪。

忽如一夜春风来，千树万树梨花开。

散入珠帘湿罗幕，狐裘不暖锦衾薄。

将军角弓不得控，都护铁衣冷难着。

瀚海阑干百丈冰，愁云惨淡万里凝。

中军置酒饮归客，胡琴琵琶与羌笛。

纷纷暮雪下辕门，风掣红旗冻不翻。

轮台东门送君去，去时雪满天山路。

山回路转不见君，雪上空留马行处。

第三章

网络角色
人声造型

　　嗓音，是可变的、可塑的，恰当的用声技巧能够美化嗓音，使之发生很大变化。每个人的嗓音之所以具有辨识度，是由其发音高低、共鸣位置、吐字力度、口腔形态等不同状态决定的。因此，在塑造各类角色的人声造型时，可以充分利用音高、音色、共鸣、吐字等不同层次的组合变化来丰富角色人声形象。本章我们重点探讨当下一些网红音色，如萝莉音、御姐音、大叔音、公子音等角色人声造型，以及网络热度较高的陕西话、山东话、天津话等方言角色人声创作技巧。

　　每个人的声音都具备一定的可塑性。在很多影视剧和动画片中，一名配音演员往往会塑造多个形象迥异的角色。其中，一些经典动画角色的声音给人留下了深刻的印象，如孙悟空、一休哥、蜡笔小新、海绵宝宝、柯南等。也有一些影视演员的角色声音同样深入人心，如赵雅芝、刘德华、周星驰、古天乐等演员塑造的影视剧形象，他们在普通话版影视剧中的声音并不是本人的，而是配音演员的杰作。配音演员不仅要跟进影片内容、情节、台词，更要详细了解影片中演员的外形、音色、表演特点，从而塑造与原片角色完全贴合的人声造型。

　　网络直播和配音，常常需要使用与众不同的声音来达到特定的效果，这就需要塑造角色人声造型。角色人声造型，是指发声者运用适当的发声技巧创造符合角色特征的声音形象。本章我们来具体分析不同角色类型的人声造型技巧。

第一节　女性角色

　　一直以来，人们理想的女性角色声音应该具有柔和温婉、悦耳美好的特征。根据角色性格的不同，可以分为温柔甜美型、冷酷自信型、豪爽不拘型、成熟优雅型等。而随着网络的迅猛发展，萝莉音、御姐音、大妈音等新的特色声音不断涌现，备受关注和追捧。

一、萝莉音

　　"萝莉"一词来源于小说《洛丽塔》中女主角的名字，用来形容年龄在十几岁的可爱娇小的女性。特点是未成年、天真烂漫、呆萌可爱。

　　萝莉音的发音关键是找到女声的"鼻腔位置"和"口腔形态"，即中音共鸣和高音共鸣的结合运用。萝莉音年龄感偏小，音高偏高，增加鼻音色彩可以让音色明亮甜美。口腔形态对于萝莉音发音至关重要，需模仿孩子说话时的口腔形态特点，比如吐字笨拙、一字一顿，喜欢嘟嘴、鼓嘴、噘嘴、张大嘴说话，语速较慢，发音吃力，声音位置靠前，语气发嗲，卖萌撒娇。在塑造儿童的娃娃音时，也可以采用这种吐字方式和口腔形态。

萝莉音的角色人声造型与其性格特征密切相关。在各类影视剧、动画片和音视频作品中，可以看到多种性格的萝莉角色，比如气质优雅型、乖巧甜美型、呆萌稚嫩型、高傲冷漠型、腹黑任性型、胆怯娇羞型等。创作者应具备举一反三的能力，根据具体角色需求进行角色声音塑造。萝莉音的代表角色有《哆啦A梦》中的源静香、《名侦探柯南》中的灰原哀、《蔷薇少女》中的金丝雀等。

二、御姐音

御姐，本义是对姐姐的敬称，一般是指外表、身材、个性和气质较为成熟的年轻女性，年龄通常在20~30岁。性格冷静、淡定、坚强，思虑周全，心智成熟，给人以大姐姐或者女强人的印象。

御姐音的风格特点是成熟、优美、大气、洒脱。发音关键是找到女声的"胸窝"和"鼻音"，即低音共鸣和高音共鸣的结合运用。我们知道，低音的发音要以胸腔共鸣为基础，找到两块锁骨中间的缝隙，体会声音是从锁骨中间发出的，也就是"胸窝"的位置。使用鼻腔共鸣可以发出甜美的高音，在胸腔共鸣振动的同时，体会用鼻子哼着说话的音色，注意带一点点鼻音色彩即可，否则会过犹不及。

御姐音的代表角色有《封神演义》中的苏妲己、《琅琊榜》中的霓凰郡主、《灌篮高手》中的井上彩子、《航海王》中的妮可·罗宾、《火影忍者》中的手鞠、《圣斗士星矢》中的潘多拉等。御姐音的角色人声造型与其性格特征密切相关，主要有以下几种类型。

（一）温柔知心型

性格温柔体贴，包容心强，能治愈心灵、温暖人心，时刻关怀、照顾他人，能倾听别人的烦恼并耐心给出自己的意见。温柔知心型御姐音的特点是，音量不大，以中音为主，语势起伏较小，音色圆润，语气柔和。

（二）成熟冷酷型

头脑冷静，顾全大局，成熟稳重，有一定的能力和实力，能在关键时刻救人于水火之中，十分可靠，值得信赖。成熟冷酷型御姐音的特点是，音高偏低，音色较实，吐字有力，语气平稳坚定。

（三）豪爽不拘型

性格豪放，洒脱不羁，粗心大意，有"女汉子"的特征。豪爽不拘型御姐音的特点是，发音位置靠后，气足声硬，吐字有力，语气高亢奔放。

（四）刻薄腹黑型

心思深重，精于算计，表善心冷，尖酸刻薄，有一定实力。刻薄腹黑型御姐音的特点是，发音位置偏高，音色尖锐，语势起伏较大，呈"弯曲调"。

三、大妈音

大妈，是对大龄妇女的称呼，常常指中老年妇女。在影视剧、动画片中，典型的"大妈"形象往往是说话大声、尖酸刻薄、粗鲁无礼、自以为是，喜欢占便宜，得理不饶人。当然这并不能代表现实中的"大妈"，这里我们从戏剧作品中的角色需要出发进行分析。

大妈音的风格特点是低沉而响亮，语速快，中气足。发音关键是找到女声的"胸部支点"和"口腔共鸣"，即中音共鸣和低高音共鸣的结合运用。胸部支点，是指胸腔共鸣时胸部振动最强烈的一点，我们可以把手放在胸部感受其振动的位置。胸部支点位置越低，声音就越低沉，声音年龄感就越大。口腔共鸣是保证声音清楚响亮的必要条件，大妈音的发音要张开口腔，吐字有力，唇舌动作幅度较大，声音从口腔向前穿出，响亮有力。

大妈音的代表角色有《火影忍者》中的纲手婆婆、《白雪公主与七个小矮人》中的巫婆、《我的前半生》中的薛甄珠、《忍者乱太郎》中的厨房大婶等。

【**角色训练 1：《老师和某宝主播是一样的》**①】

训练提示：以 papi 酱出演的《老师和某宝主播是一样的》为例。

---

① 附音频资源 3-1-1。

papi 酱本名姜逸磊，她运用变声器出演、制作了一系列原创短视频，走红网络。她抛开美女包袱，大胆运用浮夸的表演、无厘头的恶搞，结合影视专业技巧，选择生活中的热点议题，以接地气的草根气质展现视频内容。在几分钟的短视频里，她崇尚真实、摒弃虚伪、吐槽伪装、倡导个体自由，满足了年轻群体的娱乐需求。

在这个短视频中，papi 酱扮演了主播和老师两种角色。这两种角色的台词句式相仿，要注意角色变换时，音色、语气的呼应。此外，短视频在后期制作中用变声器对 papi 酱的声音进行了调音，配音时需要兼顾变声器的调音效果。

主播：像这个牌子就不用我多介绍了吧？

老师：这道题不用我多讲了吧？

主播：这个色号一定要买。

老师：这个知识点一定会考。

主播：我跟厂家谈了很久，给你们谈到了一个优惠。

老师：我跟你们语文老师谈了很久，才给你们加了这节补课。

主播：化妆的步骤我强调过很多遍了，首先粉底一定要用我这个牌子，我昨天直播的时候有说过，没有买到的小仙女可以去看一下回放。

老师：这个解题步骤我说过很多遍了啊，这个定理一定要有，我昨天上课刚说过，没印象的下课问问同学。

主播：那这个口红呢有 4 种叠涂方式，什么场合都可以 hold 住。

老师：这个公式啊，有 4 个变形，不同条件用不同的公式。

主播：那现在要准备抽奖了啊。3、2、1，截屏！

老师：准备交卷了啊。3、2、1，都停笔！

【角色训练 2：《大鱼海棠》片段①】

训练提示：《大鱼海棠》是一部国产奇幻动画电影。该片讲述了掌管海棠花生长的少女"椿"为报恩而努力复活人类男孩"鲲"的灵魂，在本

---

① 附音频资源 3-1-2。

动画电影《大鱼海棠》
中的灵婆

是天神的"湫"的帮助下，与命运斗争的故事。

在天空与人类世界的大海相连的海洋深处，生活着掌管人类世界万物运行规律的"其他人"。居住在"神之围楼"里的少女椿，在16岁生日那天变作一条海豚到人间巡礼，被大海中的一张网困住。人类男孩鲲因为救她而落入深海死去。为了报恩，她需要在自己的世界里帮助男孩的灵魂——一条拇指那么大的小鱼，成长为比鲸更大的鱼并回归大海。历经种种困难与阻碍，男孩终于获得重生。

本片段是灵婆的一段台词。灵婆掌管所有死去的人类的灵魂，鱼头人身，经常在私下做"非法"交易。最后，她将湫的灵魂带到了自己的住所，并试图将湫复活，做自己的接班人。

他哪天死的？

你可别弄错了，每天死去的人比猫身上的跳蚤还多。

天行有道，你这是要公然地与天作对。

你不管？逆天而行会受到严厉的惩罚，无论是谁。

你本事挺大，我在这里修行了800年，也还没能还清我当年欠下的。

不许插嘴！我告诉你什么事最可悲，你遇见一个人，犯了一个错，你想弥补想还清，到最后才发现，你根本无力回天。犯下的罪过永远无法弥补，我们永远无法还清犯下的。

那是我可怜你，让一个死人复活，你晓得要付出什么代价？

用你身上最美的地方跟我交换，你的……眼睛。哈哈哈……怕了吧，舍不得自己漂亮的小眼睛，或者，你可以把你一半寿命给我啊。

哎哟哟，又拉了，我的小祖宗。

因为这里只有它们，能陪我这个老东西啦。

【角色训练3：《蜡笔小新》片段】

训练提示：野原新之助，小名叫小新，是一个5岁的小男孩。爸爸是野原广志，妈妈是野原美冴，妹妹是野原向日葵。一家人住在日本春日部郊区某住宅区一栋二层楼房里。小新年纪虽小，却喜欢模仿大人做事，总是惹人发笑；喜欢漂亮的姐姐，我行我素。小新的原声配音兼具孩童的单纯和大人的成熟，用声以中声区为主，位置靠后，吐字含糊不清，语气起伏跌宕。

野原美冴，是一个 29 岁的家庭主妇。她为人善良，很好面子，勤俭持

动画片《蜡笔小新》

家，喜欢攀比，不愿认输，有时会因小新的淘气而脾气暴躁。她个性鲜明，却不惹人厌。美冴的中文配音略带港台腔，用声偏高、偏细，语气时而温柔、时而凶悍。

本片段中的蜡笔小新与妈妈美冴都是女声配音。

美冴：你看，变得越来越光滑了，对吗？

小新：唔哦，这个感觉，Q 弹润滑又有光泽。简直就像我这里一样耶。

美冴：啊……做菜的时候把裤子穿好才卫生啦。盖上保鲜膜，就这样让面团休息一下。

小新：哦哦，那么休息过的面团就像这样了。

美冴：好，没有那种东西啦。

小新：哎，准备不周到的节目。

美冴：又不是烹饪节目。好了，趁面团在休息的时候，我们来做馅料吧。

小新：唔啊，是颗粒馅吗，还是豆沙馅呢？

美冴：不是甜的馅料啦，饺子包的馅料是用肉做的哦。

小新：哦哦。

美冴：首先要把高丽菜切成细丁。

小新：唔哦，哦哦，好酷哦，那把菜刀。

美冴：不是我啊。好了，高丽菜加点盐巴，放在旁边等一下。接下来

用这些剩下来的猪肉，先把它切成小块，然后呢，我们再剁碎！

美冴：这种时候，如果有食物调理机就轻松了。还是买一台好了。

小新：妈妈说的这种时候就是偶尔才会用到，买了也是浪费钱吧。

美冴：每句话都正中要害真让人生气。好了，猪绞肉完成了。

【角色训练4：《神偷奶爸2》片段①】

训练提示：《神偷奶爸2》讲述了洗心革面的格鲁心甘情愿给三个小养女当起了全职奶爸，没想到一个专门对抗全球犯罪的高机密组织却找上门来，格鲁只好重返原本的世界，率领众多小黄人和新搭档露西拯救世界。本片段主要是艾格尼丝、伊迪丝、玛戈等几个不同年龄的角色的对话，以女孩为主，节奏紧凑，矛盾冲突不断。

动画电影《神偷奶爸》

艾格尼丝，是一个可爱呆萌的小女孩。配音可用甜甜的稚嫩的童声，用声位置靠前，有点嘟嘴，尽力表现孩童的天真和不谙世事。

露西，是一个比较成熟但行为略显浮夸的女性。配音时口腔后部开度较大，用声位置靠后靠下，语气语调略显浮夸张扬。

伊迪丝，是一个可爱甜美的小女孩。用声位置非常靠前，运用了假声，表现孩童的呆萌与稚嫩。

玛戈，是一个大女孩，喜欢指点他人又不愿意和小男孩说话，情态傲娇。用声位置靠中偏后，口腔开度适中，语气略带嫌弃。

尼科，是一个卖芝士的小男孩，胖乎乎的，脸大大的、圆圆的。配音时可以鼓着嘴，用声位置靠后，口腔开度较大，表现憨憨傻傻的小男孩形象。

老板，是一个成熟的成年男子，说话比较浮夸，带着忽悠人的感觉。

---

① 附音频资源 3-1-3。

配音时气息充沛，用声位置靠后靠下，口腔开度很大，吐字有力。

艾格尼丝：看，看，这里有好多糖果呀。

伊迪丝：可以买糖吗？求你了。

露西：好吧，但一人只能拿一个，我说真的。

艾格尼丝：啊，不是吧。

露西：开玩笑的，想吃多少拿多少，随便买！

艾格尼丝：太棒了！

伊迪丝：耶！

玛戈：呃……

露西：怎么了？

玛戈：好吧，有时候得对她们说不，你能明白吗？因为，妈妈需要严厉一点。

露西：没错，没错，严厉，说得对。我绝对做得到，你知道，毕竟我还没习惯当妈妈，正在适应中，姐妹儿。

艾格尼丝：那里有独角兽，我们可以进去吗？拜托拜托拜托拜托。

露西：呃……你……行啊，好。但是，咱们得先……快看，他们在跳逍遥国的传统舞蹈，看起来很有意思，对不对？奶酪，我喜欢！小女孩们去拿小男孩们手里的奶酪，真是太可爱了。看那可怜的小家伙，穿着一双小靴子，没有人选他。玛戈，要不，要不你上去一下？

玛戈：没门。

露西：好吧，先等一下。不，去尝尝他手里的奶酪，小姑娘，马上去！

玛戈：什么？

露西：我要严厉一点，你知道，是你说的。

玛戈：不，我是说对她们俩严厉点，不是我。

露西：得了吧，你就去吧，又少不了一块肉。

玛戈：好吧。

玛戈：你好，我叫玛戈。

尼科：你好，玛戈，我叫尼科。你想尝尝我的奶酪吗？好棒！好棒！

好棒！谢谢！玛戈，谢谢你！

　　露西：我真是个好妈妈，你们俩看到了吗？我让你们姐姐……哪儿去了？艾格尼丝？伊迪丝？

　　伊迪丝：你好。

　　艾格尼丝：看呀，是独角兽的角，我的小脑袋瓜就要爆炸啦！

　　伊迪丝：呃，艾格尼丝，那是假的。

　　老板：那是真的好不好？这只角是从弯弯树林弄来的，全世界只有那里还有独角兽活动着。笑，笑吧，随便你们！哈哈哈哈……他们都觉得我疯了，我跟你们说，我真见过独角兽，而且是亲眼看到的！

　　艾格尼丝：等等，等等，你是说你见过真正的独角兽？它长什么样子？你有没有摸它？闻着是不是很甜？是不是毛茸茸的？

　　老板：小家伙毛茸茸的，我幸福得喘不过气来。

　　艾格尼丝：你说我也能找到独角兽吗？

　　老板：据说，如果一个拥有纯洁心灵的女孩走进弯弯树林，独角兽就会出现，跟她一起走，永永远远。

　　露西：艾格尼丝，射门，不好意思！姑娘们，别害怕，我来了，没事吧？

　　伊迪丝：没，我们没事，你又……

　　艾格尼丝：独角兽是真的是真的，我要去找独角兽。

　　露西：抱歉，我刚刚紧张过度了，毕竟我听到了尖叫。好……好吧，你们继续。

　　【角色训练5：《如懿传》片段①】

　　训练提示：在这两个片段中，有太后、皇后、玫嫔、福珈四个女性角色。太后十分顾念恒媞，一心想将女儿留在自己身边。而皇后病重，她希望璟瑟能许一个好人家，将来光大富察氏。这时科尔沁部提出和亲，求娶嫡公主。太后和皇后都不愿自己的女儿远嫁。

　　太后，心思深重，老练深沉，不安于晚年生活，在前朝、后宫有权力

---

① 附音频资源3-1-4、3-1-5。

与人脉。为了能够将女儿留在身边，想尽一切办法。

皇后，出身名门，位居中宫，城府不深，容易冲动。此时的皇后身体已非常虚弱，为了女儿不远嫁更是忧思过度。

玫嫔，乐伎出身，相貌可爱，牙尖嘴利，有一些小聪明，因为自己的孩子夭折而怨恨他人。一直替太后打听消息，帮衬太后。

福珈，伺候太后，与太后是主仆关系，忠心于太后。

① 玫嫔向太后告密

玫嫔：臣妾一听说，朝廷议论求娶嫡公主的事。想着皇上又没来您这儿，定是去了皇后那儿商议。臣妾借口请安，果然听见皇后一心护着自己的女儿。想把您的恒媞长公主，远嫁到蒙古去。

太后：皇后在意自己的女儿，就浑然不在意哀家的女儿吗？

玫嫔：人心都是肉长的，谁的女儿谁疼。

电视剧《如懿传》中的太后

太后：你是个有孝心的，哀家知道。之前，哀家让你做什么你才做什么，这次你倒是上赶着自己做事。

玫嫔：臣妾也有过自己的孩子，怎会不知太后心疼女儿的心情？臣妾一心想为太后您分忧。

太后：很懂事。

玫嫔：臣妾就奇怪了，皇后本来病得起不来身，怎么说好就好了呢？

太后：皇后这哪是好啊，怕是用药吊着命吧。

玫嫔：那，和敬公主真要远嫁，皇后她哪受得住这般伤心挫磨呀。

太后：皇后受不住，哀家就受得住啊？哀家已经远嫁了一个女儿了。罢了，出去吧。

玫嫔：臣妾告退。

福珈：玫嫔虽说身子不大好，但论有用，可比庆常在和舒嫔强多了。

太后：舒嫔一心都在皇帝身上，不大会为哀家的事开口。可是，恒媞远嫁是件大事。不管皇帝怎么想，你一定要跟讷亲他们说，大臣们一定要反对。反对到底！

福珈：是。和敬公主性子颇傲，远嫁蒙古磨砺性情，挺好。

太后：她不是老是自诩为嫡出公主吗？那就该让她尽尽嫡公主的职责。

② 太后与皇后舌战

太后：茶水凉了，福珈，换杯热的。

福珈：是。

太后：璟瑟是你和皇帝所生，比起那些庶妹，这位嫡公主不知道要高贵多少。璟瑟自己不也总以嫡出自诩，且早早就被封了固伦和敬公主，瞧不起那些庶出的弟妹。自然是她嫁与科尔沁部最合适。

电视剧《如懿传》中的
富察皇后

皇后：璟瑟年幼，说话不知轻重，哪里可以许了人家呢？儿臣把她留在身边好好教导几年，等出落得有模样了，再嫁也不迟。

太后：你等得了，蒙古等不了。自古慈母多娇儿，璟瑟出嫁成了人媳，自然就懂得规矩了。比你这个亲额娘教导要有用多了。再说了，这次求娶公主的科尔沁部是蒙古诸部之首，地位尊崇。

皇后：这不现成，有恒媞妹妹吗？

太后：唯有璟瑟出嫁，才堪匹配。

皇后：论长幼，恒媞年长，又是璟瑟的姑姑，自然是长辈先嫁，再考虑晚辈的婚事。

太后：哀家已经远嫁了一个女儿，还要再远嫁一个？皇后，你是哀家的儿媳，你忍心看着你婆母伤心？

皇后：儿臣不敢。皇额娘，永琮新殇。璟瑟，是儿臣唯一的孩子了，她要守着儿臣身边尽孝，也要为了永琮尽哀。

太后：你是嫡母，皇帝所有的子女，都是你的子女。可是，恒媞是哀家膝下唯一的女儿了。没了她，谁为哀家尽孝？

皇后：皇上至孝。便是恒媞妹妹嫁去科尔沁部，皇额娘也始终有皇上这个儿子。而且，儿臣身为皇嫂，也为了恒媞妹妹着急。诗经有云："摽有梅，其实七分，求我庶士，迨其吉分。"恒媞妹妹，已经到了摽梅之期，不该再耽误婚期了。

太后：你这皇嫂真是不易啊。当年那么多波折，差点就是娴贵妃成了嫡福晋，成了皇后。若真如此，今日自称一句"皇嫂"的，该是娴贵妃。若是娴贵妃成了恒媞的皇嫂，不知道会不会多体谅哀家呀。

皇后：娴贵妃无子无女，那蒙古求娶，能嫁的，便只有恒媞妹妹。皇上也不必被臣子们力荐了。

太后：好！好！不愧是哀家自己挑选的儿媳，怪不得连皇帝都夸你，十足像极了一个皇后的气度。

皇后：儿臣多谢皇额娘的夸奖。

太后：皇后，你殚精竭虑，要好好保养自己的身子，才能护着你的女儿长远。

皇后：皇额娘，儿臣一定会撑着身子，与皇上白头偕老，看着女儿出嫁。

太后：好，哀家盼着你和皇帝白头偕老。

第二节　男性角色

大气刚健、进取勇敢、正义洒脱，一直是男性魅力的重要体现。在网络迅猛发展的今天，一些新兴的男性形象也备受青睐，如正太、公子、大叔、霸道总裁等，这些"萌属性"的代名词也受到了众多网友的喜爱和追捧。很多网友热衷于模仿这些特殊音色，用于短视频配音、直播聊天等。我们就来分析一下这些新男性角色的人声造型。

一、正太音

"正太"一词来源于漫画《铁人 28 号》中男主角的名字"金田正太郎"。正太与萝莉的意思相对，指未成年男性。其特点是身材娇小纤细，长相可爱帅气，笑容灿烂，眼睛大。

正太音的风格特点是稚嫩、阳光、帅气。特殊的是，正太音的配音一般由女性来完成，发音关键是掌握恰当的"口腔形态"。正太音的音高一般在女性的中声区位置，发音较为靠后，可以打开口腔的后声腔，用类似打哈欠的方式来发音。正太音的吐字可以清楚有力，以表现酷帅的正太形象；也可以吐字不清、声音沉闷，以表现呆萌可爱的正太形象。

正太音的代表角色有《名侦探柯南》中的江户川柯南、《哪吒传奇》中的哪吒、《海尔兄弟》中的海尔、《蜡笔小新》中的野原新之助、《天空之城》中的巴鲁等。

二、公子音

公子，是古代对诸侯及官僚之子的称呼，也是对豪门士族年轻男子的尊称。在当代影视文学作品中，公子一般是二十几岁的成年男性。公子的形象往往是面容俊朗、身材高挑、风流倜傥、帅气逼人，性格或沉稳冷静、或阳光活力。

公子音的风格特点是青春、阳光、洒脱、自信。发音关键是找到男声"靠前靠上"的位置。靠前，是指吐字位置在口腔的前部，感受字音的冲击点在人中的位置。靠上，是指共鸣和音高位置在鼻腔处，发音时可以颧肌上提，略带微笑。注意发音靠前靠上的同时，兼顾男性阳刚之美的特征，吐字有力，气息充足，字音清晰。

公子音的代表角色有《神雕侠侣》中的杨过、《笑傲江湖》中的令狐冲、《三生三世十里桃花》中的夜华、《琅琊榜》中的梅长苏、《庆余年》中的范闲等。

三、大叔音

大叔，指年龄较大的成年男子。特点是人生坎坷、心地善良、思想成熟，外表健硕刚毅，熟知人情冷暖。在当代社会中，自比"大叔"，往往是对自己辛酸经历或是落伍状态的自嘲；称呼他人为"大叔"，往往带有对年龄的歧视和不尊重；一些年轻女孩称呼年龄较大的男子为"大叔"，常常带有爱慕之情。

大叔音的风格特点是低沉、浑厚、沧桑。发音关键是找到男声"靠后靠下"的位置。靠后，是指吐字位置在口腔的后部，要有"撑后声腔"说话的感觉。靠下，是指共鸣和音高位置在胸腔处，发音时放松喉部和胸部，找到打开喉咙的感觉，从而打通胸腔共鸣通道，让声音低沉浑厚，泛音丰富。一些歌手会采用沙哑的"烟嗓"和"气泡音"进行演唱，从而达到特定的音乐效果和风格。而一些人在说话时通过"压喉"来获取所谓的磁性嗓音，是万万不可取的。挤压喉部会使声带疲劳、疼痛，甚至引起病变，音色也十分暗哑，令人生厌。

大叔的性格各异，或处乱不惊，城府颇深；或个性张扬，谈吐洒脱；或内敛深沉，低调冷酷；或威武霸气，不可一世。大叔音的代表角色有《天龙八部》中的乔峰、《智取威虎山》中的杨子荣、《琅琊榜》中的谢玉、《名侦探柯南》中的毛利小五郎等。

【角色训练 1：《三国演义》片段①】

训练提示：诸葛亮是三国时期杰出的政治家、军事家。早年避乱于荆州，躬耕于南阳。后辅佐刘备联孙破曹，逐渐使蜀与吴、魏形成三足鼎立之势。蜀汉建立，诸葛亮为丞相。刘备死后，他又辅佐刘禅。建兴十二年（234），诸葛亮第五次出师伐魏，因连年征战，积劳成疾，卒于军中。

电视剧《三国演义》中的诸葛亮

本片段是诸葛亮第一次北伐时，于阵前与王朗的论辩，十分精彩。

诸葛亮：我原以为你身为汉朝老臣，来到阵前，面对两军将士，必有高论，没想到竟说出如此粗鄙之语！我有一言，请诸位静听。

诸葛亮：昔日桓帝、灵帝之时，汉统衰落，宦官酿祸，国乱岁凶，四

---

① 附音频资源 3-2-1。

方扰攘。黄巾之后，董卓、李傕、郭汜等接踵而起。劫持汉帝，残暴生灵。因之，庙堂之上，朽木为官；殿陛之间，禽兽食禄。以致狼心狗肺之辈汹汹当朝，奴颜婢膝之徒纷纷秉政，以致社稷变为丘墟，苍生饱受涂炭之苦！值此国难之际，王司徒又有何作为？

诸葛亮：王司徒之生平，我素有所知，你世居东海之滨，初举孝廉入仕，理当匡君辅国，安汉兴刘，何期反助逆贼，同谋篡位！罪恶深重，天地不容！

王朗：（手指诸葛亮）你……诸葛村夫，你敢……

诸葛亮：住口！无耻老贼，岂不知天下之人，皆愿生啖你肉，安敢在此饶舌？今幸天意不绝炎汉，昭烈皇帝于西川，继承大统，我今奉嗣君之旨，兴师讨贼，你既为谄谀之臣，只可潜身缩首，苟图衣食，怎敢在我军面前妄称天数？皓首匹夫，苍髯老贼，你即将命归九泉之下，届时有何面目去见汉朝二十四代先帝？

王朗：（手捂胸口，颤声）我……我……我……

诸葛亮：二臣贼子，你枉活七十有六，一生未立寸功，只会摇唇鼓舌！助曹为虐！一条断脊之犬，还敢在我军阵前狺狺狂吠，我从未见过有如此厚颜无耻之人！

王朗：你……

电视剧《芈月传》中的秦惠文王嬴驷

【角色训练2：《芈月传》片段】

训练提示：《芈月传》讲述了战国时期秦国女政治家宣太后波澜起伏的人生故事，她是中国历史上第一位被称为"太后"的女人，其在剧中被称为"芈月"。秦惠文王嬴驷是《芈月传》第一男主角，芈月的丈夫，秦昭襄王嬴稷之父。嬴驷是个有实力、有魄力的明君，深谙人性，深沉、内敛、铁血，在商鞅死后继续推行新法强化大秦帝国。他善于利用人心和感情，深藏爱意，胸怀天下。嬴驷的用声位置偏低，语速较缓，语气沉稳，带有帝王之气。本片段是嬴驷的一段独白。

寡人第一次上战场的时候，才十三岁，当时想的跟你一样，既然我身为嬴氏子孙，就算再害怕，上战场仍然是义无反顾的事情。可到真正上了战场以后，才知道我当初的那一点反复犹豫的心情是多么可笑。等你真正到了战场上的时候，要面对的难堪、痛苦、害怕、绝望、恐惧，远远超出你今天以为自己能够承载的想象。做决断不是最难的，难的是就算你已经决定面对，但是困难仍然远远超出你所能承受的范围。

【角色训练3：《哈姆雷特》片段】

训练提示：影片《哈姆雷特》改编自著名英国剧作家莎士比亚的同名悲剧。丹麦王子哈姆雷特在德国上学时突然接到父亲的死讯，回国奔丧。接着，叔父克劳狄斯即位，叔父与母亲又匆忙结婚，这使哈姆雷特充满了疑惑和不安。父亲的鬼魂告诉哈姆雷特，是叔父毒死了自己。于是，哈姆雷特装疯掩护自己，用"戏中戏"的方式证实了叔父的确是杀父仇人。哈姆雷特误杀了心爱女子奥菲莉娅的父亲，叔父试图借英王之手除掉哈姆雷特。哈姆雷特趁机逃回丹麦，却得知奥菲莉娅自杀的消息，不得不接受了与其兄雷欧提

电影《哈姆雷特》

斯的决斗。决斗中哈姆雷特的母亲，因误喝了毒酒而死去。哈姆雷特和雷欧提斯也双双中了毒剑。得知中毒原委的哈姆雷特，在临死前杀死了克劳狄斯，并嘱托朋友霍拉旭将自己的故事告诉后来人。

哈姆雷特是出身高贵的丹麦王子，从小受人尊敬，接受了良好的教育，生活无忧无虑，是一个单纯善良的理想主义者。他不知道世界的黑暗和丑陋，只相信生活的真善美。然而随着父亲去世，母亲马上嫁给了叔父，后又得知是叔父害死了父亲。哈姆雷特因此陷入了深深的矛盾中，他的人生观发生了改变，性格也变得复杂和多疑，满腔仇恨难以发泄。重大的变故使哈姆雷特看到了人性的黑暗，他开始对亲情和爱情产生了疑问，变得偏激、孤僻，甚至感到绝望。

本片段是哈姆雷特的经典独白。哈姆雷特将如何抉择？是装作什么都不知道，还是选择漫长的复仇之路？

生存还是毁灭？这是个问题。

究竟哪样更高贵？去忍受那狂暴的命运无情的摧残，还是挺身去反抗那无边的烦恼，把它扫一个干净？

去死，去睡，就结束了，如果睡眠能结束我们心灵的创伤和肉体所承受的千百种痛苦，那真是生存求之不得的天大的好事。

去死，去睡，去睡，也许会做梦！唉，这就麻烦了，即使摆脱了这尘世，可在这死的睡眠里又会做些什么梦呢？真得想一想，就这点顾虑使人受着终身的折磨。谁甘心忍受那鞭打和嘲弄，受人压迫，受尽侮蔑和轻视，忍受那失恋的痛苦，法庭的拖延，衙门的横征暴敛，默默无闻的劳碌却只换来多少凌辱。但他自己只要用把尖刀就能解脱了。

谁也不甘心，呻吟、流汗拖着这残生，可是对死后又感觉到恐惧，又从来没有任何人从死亡的国土里回来，因此动摇了，宁愿忍受着目前的苦难而不愿投奔向另一种苦难。

顾虑就使我们都变成了懦夫，使得那果断的本色蒙上了一层思虑的惨白的容颜。本来可以做出伟大的事业，由于思虑就化为乌有了，丧失了行动的能力。

【角色训练 4：《康熙王朝》片段①】

训练提示：电视剧《康熙王朝》改编自二月河的小说《康熙大帝》，其背景故事是清朝世祖顺治帝的末年和圣祖康熙帝在位时的事迹。该剧从顺治帝哀痛爱妃董鄂妃病故讲起，直至康熙帝在位 61 年驾崩而止。第一次以正剧的角度浓墨重彩刻画了清朝初期康熙帝传奇的一生。

康熙帝爱新觉罗·玄烨，是一位圣君明主，被称为"千古一帝"，善于运用权术，工于心计，懂得恩威并济。康熙帝在位期间勤奋好学、励精图治、整肃朝纲，几十年如一日坚持学习。他平三藩、收复台湾、征噶尔

---

① 附音频资源 3-2-2。

丹，每一件都足以载入史册。

纳兰明珠，在剧中依靠权谋、谄媚登上社稷厅堂。他能说会道，处事灵活，圆滑聪明，办事能力强，但少了一点儿气节，骨子里小气。最终他晚节不保，被囚禁 20 年，未受重用。

索额图，大学士索尼之子，参与过康熙年间许多重大的政治决策和活动。康熙继位之初，鳌拜擅权，索额图辅佐康熙计擒鳌拜，并将其党羽一网打尽，故深受康熙信任。康熙朝中期，索额图代表清廷签订中俄《尼布楚条约》。康熙帝后期，因参与皇太子之争，被圈禁赐死。

电视剧《康熙王朝》中的康熙帝

索额图：您看。禀皇上，万里长城一直是我大清国最重要的北防要塞，完全可以拒噶尔丹于关外。但是，近些年来，经久不修，已有多处毁损，所以很难御敌啊。臣乞皇上下旨，兵部、户部以及北疆各省，调集人力资金，重修万里长城。

康熙：朕也在重新考虑这件事。修复长城需要花费多少时间？耗多少银子？

索额图：据臣初算，大约需要二十年时间，三万万两银子。

康熙：有文墨随驾吗？

纳兰明珠：禀皇上，有！

康熙：你们两个人记下朕今天说的话，一个字也不要漏。康熙三十三年二月十日，朕视察八达岭，抚今追昔，感慨万千，特颁旨如下。长城，长城是个梦，是空的，是个无用之物，顶多是个摆设！长城啊长城，哼，自秦始皇开创长城仅两世就垮了。大明朝怎么样啊？他们用了百年之功、万人之力，没有挡住我大清入关，江山易主！朕要以王道治天下。你们记着，从今天起，停建所有的城墙关隘！并诏知后世，凡大清国君，当持王道，取民心，练兵马，永不筑长城！

康熙：明珠啊，这段长城属于哪个县的？

纳兰明珠：是怀柔县。

康熙：怀柔县，怀柔县的知县是谁？

索额图：叫萨里巴，但此人称病，两年来，一直没有到任。

康熙：罢免萨里巴，送吏部治罪。令张庭玉立即就任怀柔知县。

（索额图和纳兰明珠交换个眼色）

索额图、纳兰明珠：遵旨！

康熙：张庭玉如果干得好，一年之后升任知府，如果知府再干得好嘛，一年之后升任藩司，藩司再干得好，就告诉朕！

纳兰明珠：臣明白了，皇上要历练张庭玉，以成大器啊。

康熙：光朕这么打算还不够，关键还是看他自己呀。

纳兰明珠：皇上，这有点小麻烦，此事不合吏部惯例。张庭玉已是六品侍读，而知县仅为九品，大材小用啊。

康熙：一点也不小用。魏东亭是一品大员，朕把他降为知县，你们不要以为，六品官就能干好九品的知县。

纳兰明珠：（为难地）皇上，或者委屈一下张庭玉，暂降居九品，以求名实相副、免遭误议？

康熙：传旨！张庭玉授五品衔，戴单眼花翎，任知县！

纳兰明珠：（敬畏地）喳！

康熙：告知大清1 800个县衙门，叫县官们都知道，知县乃朝廷基础、朕之手足。谁干好了知县，朕五品、四品、三品都舍得给。朕多么希望，能出一个一品的好知县！

【角色训练5：《楚汉传奇》片段①】

训练提示：刘邦出身平民，秦朝时任泗水亭长，自称"沛公"。秦亡后受封汉王，后于楚汉战争中击败西楚霸王项羽，统一天下，成为汉朝开国皇帝。《楚汉传奇》中陈道明饰演的刘邦，其貌不扬、谨小慎微、略带痞气、有些许无赖，但他重情重义、胸怀天下、知人善任、善弄权术。

这个片段是刘邦在生命最后时刻与孙子刘襄的一段对话，作为整部剧

---

① 附音频资源3-2-3。

的结尾，这段台词耐人寻味。刘邦的声音低沉，多气声，力量较弱。刘襄是小男孩的形象，用声偏高，可以由女性配音。

刘邦：你是谁啊？

刘襄：襄。

刘邦：襄？你是我儿子，还是我孙子啊？

刘襄：不知道。

刘邦：你爹是谁啊？

刘襄：齐王。

刘邦：齐王是刘肥呀。

刘襄：你呢？

刘邦：我爹？我爹是个浑蛋。

电视剧《楚汉传奇》中的汉高祖刘邦

刘襄：噢。你真倒霉，和我一样。你在这儿住吗？

刘邦：对啊。不过我就要搬了。

刘襄：搬到哪儿去啊？

刘邦：长陵。

刘襄：那是坟墓。

刘邦：我知道那是坟墓，所以我要搬到那儿去。

刘襄：你要搬到坟墓住？

刘邦：咳，人人都得去，你将来也得去。其实，那儿跟这儿，差不多。嗯，来来来，来……来……来给你点好吃的啊。

刘襄：难吃。

刘邦：什么难吃？我是吃这个长大的，吃！好吃吗？

刘襄：嗯。

刘邦：这个房子你觉得怎么样啊？

刘襄：很好。

刘邦：好？很好？你是没去过阿房宫，那才叫很好。可惜呀，被项羽这个浑蛋给烧了。

刘襄：谁是项羽呀？

　　刘邦：啊？就是那个人们都管他叫"战神"那个。可是，他让我给打败了。你说这是不是不可思议呀？

　　刘裹：嗯，嗯。

　　刘邦：我也觉得不可思议。这不是我赢的他，我刘邦没这个本事，是上天，是上天让我赢了他。暴秦覆灭，按说我没出多大的力。可是，最得利的人，是我。进了关中，成了王。你说这是不是好运气啊？当然，我之所以能够到现在，还有一帮好弟兄在帮我。运筹帷幄，决胜千里之外，我不如张良啊；治理国事，缴纳赋税，我不如萧何；领兵打仗，管理军队，我不如韩信。他们三个人都是人中豪杰。可是他们就愿跟着我干。你知道为什么吗？我告诉你，因为，我是条龙。史官们说，我这条龙是当年我娘在河边，被龙裹住了，产下了我这个龙种。你不信吧？你当然不信。可我就是个龙种，我身上还有七十二颗黑痣呢。后来弟兄们说，我这条赤龙杀了对手白龙，所以我就成王了。

第三节　方言角色

　　方言，是一个人从出生到长大都在学习和运用的言语形式。在一定的社会环境里，孩童能够渐渐精通自己的母语，也能够欣赏本土文化特色的声音。然而，获得某种言语技能可能会导致对另一种语言中某些声音的知觉困难。比如，人们在聆听不同年代、不同地域、不同民族的语言或音乐时，常常会出现无法理解，甚至无法接受的情况。当我们在母语环境中，这种声音的心理框架是和谐适用的；当我们进入到另一种文化的语言或音乐环境中时，母语声音系统里的"习惯口音"可能成为影响我们分辨另一种语言发音的不利因素。帕泰尔认为，这是因为母语声音系统在我们的心里留有印记。换言之，学习一种声音系统的结果是产生一个母语或音乐声音范畴的心理框架。

　　汉语方言大致可以分为七种，即北方方言、吴方言、湘方言、赣方言、客家方言、粤方言、闽方言。近年来，带有各地方言色彩的发音越来越多地出现在网络音视频中，很多方言短视频和方言角色收获了众多网友的点赞，其发布者甚至成了人们日常关注的对象。在这些网络音视频中，方言表达往往与普通话表达相结合，以某方言的普通话形式呈现。这样的言语表达不仅具有地方文化色彩，易于获得区域文化认同，而且大众也能听清、听懂，从而体会方言表达的意味。

我们不难看出，在一些典型的方言地区，地方语言与普通话差异较大，生活在这些方言区的人们学习普通话就更为吃力。一方面，我们要坚持推广普通话，尤其是在网络音视频纷繁各异的今天，更要让越来越多的人说好普通话，这样才有利于地域文化的传播与交流；另一方面，我们要鼓励方言的特征化传播，去粗取精，选用各类方言中典型的发音技巧，丰富网络人声创作，努力塑造方言角色鲜明的人声造型。

一、陕西话

陕西话，特指陕西关中方言，属汉语-中原官话，亦称"秦语"。陕西省境内包含多种方言，有中原官话、西南官话、晋语。陕南方言分为荆楚方言和巴蜀方言，属于西南官话；陕北地区的方言属于晋语。陕西省各地方言大有不同，尤其秦岭以南差异很大。

（一）声调规律

陕西话的语调带有明显的特点，普通话与陕西话调值比较如下。

普通话：阴平55，阳平35，上声214，去声51。

陕西话：阴平21，阳平24，上声53，去声55。

也就是说，普通话发阴平的，陕西话多念轻去声；普通话发阳平的，陕西话仍发阳平；普通话发上声的，陕西话发去声；普通话发去声的，陕西话发阴平。

（二）特殊语音

在读以元音或半元音为开头的字时，由"ŋ"（ng）作为声母，如"爱"读作"ŋāi"、"安"读作"ŋan"。正是因为陕西话中没有上声，发音不需要拐弯，所以讲起来酣畅淋漓、十分痛快。此外，陕西话有拖长音的现象，听起来比较流畅。

陕西话的一些发音是普通话里没有的，比如 v 音。普通话里以 w 为声母的字在陕西话里读 w 或 v 开头的音，如"武"读作"vù"、"文"读作"vén"、"万"读作"vān"、"忘"读作"vāng"等。

陕西话是区分尖团音的，如"箭"读作"ziān"、"千"读作"ciàn"、"仙"读作"siàn"、"酒"读作"ziù"、"湘"读作"siàng"，读作尖音；"剑"读作"jiān"、"铅"读作"qiàn"、"掀"读作"xiàn"、"九"读作"jiù"，仍读作团音。

（三）特殊语法

在语法方面，陕西话中有些语序表达与普通话不同。比如：

我北京去。——我去北京。

你不学校去。——你不去学校。

这个电影我可多农看啦。——这个电影我看了好多遍了。

你打人家咋？——你为什么打人家？

你操那份闲心咋？——你何必操那份闲心呢？

（四）特殊词汇

陕西话中有一些特殊词语，其读音、意义与普通话有所不同。比如，婆姨-妻子、拜识-朋友、格巷子-胡同、放火-生火、解不下-不懂、馍馍-炊饼、该-拖欠、㑇样子-懒样子、屋里人-已婚的人、污兮-不干净等。

（五）方言个性

1. 文化个性

受到地理环境、历史文化等因素的影响，陕西人说话比较直爽、豪放、痛快，话语让人听起来觉得舒服、直截了当、不做作、不拐弯抹角。导演王全安表示，方言是还原真实的重要手段，如果一个陕西人在银幕上用普通话表达，就缺少了脾气和个性，只有说到"额"的时候，观众才觉得人物"活"起来了。

身为导演的张艺谋在影片《有话好好说》中客串"破烂王"一角，并亲自上阵喊出了正宗的陕西口音台词，"俺红，额想你，额想你想得睡不捉"。"俺红，额爱你"，成为当年的流行语，被观众纷纷效仿。

2. 地域个性

陕西话的语音和语调具有较为浓厚的趣味性，这在一些以陕西文化为背景的影视剧中尤其突出。比如在电视剧《武林外传》中，佟湘玉的陕西方言给观众留下了深刻印象。"小六，你可来了，门口那只……额滴神呀！"这是《武林外传》中的经典台词。"额滴神呀"是佟湘玉的口头语，属于典型的陕西方言，在全剧中多次出现，有加重语气的感叹效果。"额好后悔，额从一开始就不应该嫁过来，如果额不嫁过来额的夫君也不会死，如果额的夫君不死，额也不会沦落到这么一个伤心的地方。"这段带有陕西口音的经典独白，成了她每次伤心绝望时的感慨，虽然句式冗长，但因其独特性而让人印象深刻。可以看出，陕西口音在影视剧中塑造人物形象、刻画人物情绪、增强内容趣味性方面都起到了一定的作用。

二、山东话

山东方言，又称"鲁语"，属于汉语官话方言。参考古代清声母入声字和次浊声母入声字在今天各地的分化规律，山东方言根据地区不同又分别划归三个不同的官话小区：冀鲁官话区、胶辽官话区、中原官话区。实际上，各地方言差异明显，但也有一定规律。

（一）声调规律

山东话的语调带有明显特点，其调值与普通话比较如下。

普通话：阴平55，阳平35，上声214，去声51。

山东话：阴平213，阳平53，上声5，去声31。

（二）特殊语音

山东话发r音时，均为y音，如"人"读作"银"、"日头"读作"易头"、"热"读作"耶"；sh音发为f音，如"水"读作"非"、"睡觉"读作"费觉"、"说话"读作"佛话"。

山东话中大多没有卷舌音，zh、ch、sh音与z、c、s音不分，如

"找"读作"早"、"炒"读作"草"、"师"读作"丝"。

山东话发舌面音 j、q、x 时，舌尖较为靠后，舌体隆起过高，从而导致发音不标准。

（三）特殊语法

山东话在语法方面也有特殊的地方。一些词语的后缀比较丰富，除了"子""头"以外，还有"巴""汉"等。一些句子的语法结构也比较特别，比较句多用"起"或"的"来连接，如"一天热起一天"。

（四）特殊词汇

山东话中有很多特有的方言词汇，其意思、说法与普通话有所不同。比如，我-俺，男孩儿-小厮，女孩儿-妮子，男人、丈夫-汉子，连襟-两乔儿，东西、家伙-黄子，玉米-棒子，白薯-地瓜，活儿、事儿-营生儿，坏、不好-孬，傻-嘲，傻-彪，从-巴，在-从，等等。

（五）方言个性

1. 文化个性

作为齐鲁文化的组成部分，山东话的亲属称谓重秩序、重礼仪、分亲疏、别内外，具有鲜明的中华民族传统文化特征。

山东话亲属称谓以父系称谓为中心，长幼有序，老少分明，具有严格的秩序性。山东话多体现尊称，在称谓词前加"恁（您）"或"他"，以示区别。当面称呼侄子、侄女为"恁哥""恁姐"，意指自己孩子的哥哥、姐姐；当面称呼孙子、孙女也是"恁哥""恁姐"，意指自己孙子的哥哥、姐姐；当面称呼自己的弟弟、弟媳为"恁叔""恁婶子"，意指自己孩子的叔叔、婶子。

2. 地域个性

山东话在影视作品中也有很多运用。在《武林外传》中，捕头邢育森正义凛然但有些教条死板，说着一口纯正的山东话，他的口头语是方言"亲娘来！"，全剧中多次出现。这类方言多为感叹语气，表现了以邢捕头为代表的山东人耿直、忠厚、没有心机的性格。"抓贼，就这么简单。"也是邢捕头的口头禅，展现了十足的侠客风范，使得整部剧充满浓浓的江湖气息。

三、天津话

天津话干净利落、活泼俏皮，充分体现了天津人率真豪爽、亲切包容、幽默诙谐的性格特征，是天津地域文化的代表。

（一）声调规律

天津话的语调带有明显的特点，普通话与天津话调值比较如下。

普通话：阴平 55，阳平 35，上声 214，去声 51。

天津话：阴平 11，阳平 45，上声 213，去声 53。

天津话也有四个声调，但天津话的一声调值与普通话不同。普通话一声为高平调，调值为 55；天津话一声则为低平调，调值为 11，如"天"字。天津话的阳平和上声声调与普通话也有区别，如"菊"读作"居"、"笔"读作"鼻"等。

天津话中名词后面的字一般发音较轻，如"天津"的"天"字要读重、读低，先走平调紧跟低沉向下，"津"字的发音要轻而短。

天津话在连续发音时，常常会发生字音变调。其中，两字词的变调发生在第一个字上，三字词的变调发生在第一或第二个字上。如"飞机"读作"匪机"、"美满"读作"梅满"、"大车"读作"达车"、"礼拜天"读作"礼白天"、"下象棋"读作"瞎象棋"等。

（二）特殊语音

天津人说话的一大特点是喜欢说"嘛"，读四声，意思是"什么"。

天津话会将普通话的翘舌音发成平舌音，如"中"读作"宗"、"山"读作"三"等。天津话中 i 音和 r 音混用，如"人"读作"银"、"肉"读作"又"。单音节韵母自成字音时，要在韵母前加上声母 n，如"爱"读作"耐"、"鹅"读作"né"等。

天津人说话会有吃字现象，四字词省略为三个字，三字词省略为两个字，简短脆亮。比如，天津人说"百货公司"是"百公司"，说"合作社"是"合社"，说"派出所"是"派所"，说"公共汽车"是"公汽车"，等等。这种音节弱化的现象在北京、天津等地的非正式场合交流中很容易出现。

（三）方言个性

1. 文化个性

天津话在影视作品中塑造的人物形象也处处展现着乐观幽默的性格特点。《武林外传》中的燕小六是一个捕头，祖籍天津，操着浓浓的天津口音。"你姓嘛名嘛，从哪儿来到哪儿去，家里几口人，人均几亩地，地里几头牛？"其中"嘛"和儿化音都是天津话中典型的口头语。燕小六用一连串的排比句，节奏快，朗朗上口，体现了天津方言的幽默感。另外，"帮我照顾好我七舅老爷！"也是燕小六的经典口头禅，"七舅老爷"是天津话中对于舅爷的称呼，体现了独特的天津文化。

2. 地域个性

天津地处九河下梢，那里曾经盛行码头文化，生存竞争激烈。当时想在天津养家活命，不是桩容易的事。要化解生活的压力，只能自己找乐儿。天津人逐渐磨合出了一种活法——不说不笑不热闹，热热闹闹度时光。他们不和自己过不去，将严肃问题游戏化。因此，相声艺术在天津的兴盛，是与天津独特的地域文化和天津方言的滋润分不开的。

【训练 1：方音练习】

训练提示：请用不同方言来朗读以下绕口令。

史老师，讲时事，常学时事长知识。
学习时事看报纸，报纸登的是时事。
常看报纸要多思，心里装着天下事。

门外有四辆四轮大马车，
你爱拉哪两辆就拉哪两辆。
拉两辆，留两辆。

七加一、七减一，加完减完等于几？

七加一、七减一，加完减完还是七。

华华有两朵黄花，

红红有两朵红花，

华华要红花，红红要黄花。

华华送给红红一朵黄花，

红红送给华华一朵红花。

认识从实践始，实践出真知。

知道就是知道，不知道就是不知道。

不要知道说不知道，也不要不知道装知道，

老老实实，实事求是，一定要做到不折不扣的真知道。

【训练2：古诗文朗读】

训练提示：请尝试用合适的方言来朗读以下古诗文，并学习古代吟诵的方式。

送杜少府之任蜀州

王　勃

城阙辅三秦，风烟望五津。

与君离别意，同是宦游人。

海内存知己，天涯若比邻。

无为在歧路，儿女共沾巾。

赠　汪　伦

李　白

李白乘舟将欲行，忽闻岸上踏歌声。

桃花潭水深千尺，不及汪伦送我情。

出　塞

王昌龄

秦时明月汉时关，万里长征人未还。

但使龙城飞将在，不教胡马度阴山。

从 军 行
王昌龄

青海长云暗雪山，孤城遥望玉门关。
黄沙百战穿金甲，不破楼兰终不还。

芙蓉楼送辛渐
王昌龄

寒雨连江夜入吴，平明送客楚山孤。
洛阳亲友如相问，一片冰心在玉壶。

【训练 3：歌曲演唱】

训练提示：请聆听并学习以下歌曲，重点掌握一些典型方言词语的发音特点。

上 海 滩

浪奔，浪流，
万里滔滔江水永不休。
淘尽了世间事，
混作滔滔一片潮流。
是喜，是愁，
浪里分不清欢笑悲忧。
成功，失败，
浪里看不出有未有。
爱你恨你，问君知否？
似大江一发不收。
转千弯，转千滩，
亦未平复此中争斗。
又有喜，又有愁，
就算分不清欢笑悲忧，
仍愿翻百千浪，
在我心中起伏够。

（黄霑作词，顾嘉辉作曲）

真的爱你

无法可修饰的一对手，

带出温暖永远在背后。

纵使啰唆始终关注，

不懂珍惜太内疚。

沉醉于音阶她不赞赏，

母亲的爱却永未退让。

决心冲开心中挣扎，

亲恩终可报答。

春风化雨暖透我的心，

一生眷顾无言地送赠。

是你多么温馨的目光，

教我坚毅望着前路，

叮嘱我跌倒不应放弃。

没法解释怎可报尽亲恩，

爱意宽大是无限，

请准我说声真的爱你。

无法可修饰的一对手，

带出温暖永远在背后。

纵使啰唆始终关注，

不懂珍惜太内疚。

仍记起温馨的一对手，

始终给我照顾未变样。

理想今天终于等到，

分享光辉盼做到。

（梁美薇作词，黄家驹作曲）

爱拼才会赢

一时失志不免怨叹，

一时落魄不免胆寒，

哪怕失去希望，

每日醉茫茫。

无魂有体亲像稻草人，

人生可比是海上的波浪，

有时起，有时落。

好运，歹运，总嘛要照起工来行

三分天注定，七分靠打拼

爱拼才会赢。

（陈百潭作词作曲）

龙　船　调

正月里是新年哪咿呦喂，

妹娃我去拜年哪呵喂。

金哪银儿索银哪银儿索，

那阳鹊叫啊是捎着莺鸽啊捎着莺啊鸽。

妹娃要过河是那个来推我嘛？

（我来推你嘛）

艄公你把舵扳哪妹娃子我上了船

将阿妹推过河呦呵喂。

（周绪卿、黄业威收集改编）

【训练 4：戏曲演唱】

训练提示：请聆听并学习以下戏曲和曲艺片段，重点掌握各戏曲和曲艺的演唱特点。

京剧《贵妃醉酒》片段

海岛冰轮初转腾，

见玉兔，玉兔又早东升。

那冰轮离海岛，乾坤分外明。

皓月当空，恰便似嫦娥离月宫，

奴似嫦娥离月宫。

好一似嫦娥下九重，

清清冷落在广寒宫，啊，在广寒宫，

玉石桥，斜倚把栏杆靠，鸳鸯来戏水，

金色鲤鱼在水面朝，啊，在水面朝，

长空雁，雁儿飞，哎呀雁儿呀，

雁儿并飞腾，闻奴的声音落花荫，

这景色撩人欲醉，不觉来到百花亭。

通宵酒，啊，捧金樽，高、裴二卿殷勤奉啊！

人生在世如春梦，且自开怀饮几盅。

昆曲《牡丹亭·寻梦》片段

最撩人春色是今年，

少甚么低就高来粉画垣，

元来春心无处不飞悬。

睡荼蘼抓住裙钗线，

恰便是花似人心好处牵。

昆曲《牡丹亭·游园惊梦》片段

原来姹紫嫣红开遍，

似这般都付与断井颓垣。

良辰美景奈何天，

赏心乐事谁家院？

朝飞暮卷，云霞翠轩，

雨丝风片，烟波画船。

银屏人忒看的这韶光贱！

遍青山啼红了杜鹃，

那荼蘼外烟丝醉软，

那牡丹虽好，他春归怎占的先？

闲凝眄，生生燕语明如剪，

听呖呖莺声溜的圆。

山东快书《武松打虎》片段

当哩个当，当哩个当，当哩个当哩个当哩个当！

闲言碎语不要讲，表一表好汉武二郎。那武松学拳到过少林寺，功夫练到八年上。回家大闹了东岳庙，李家的五个恶霸被他伤。在家里打死了李家五虎那恶霸，好汉武松懒打官司奔了外乡。

在外流浪一年整，一心想回家去探望。手里拿着一条哨棒，包袱背到肩膀上。顺着大道往前走，眼前来到一村庄。嚯，村头上有一个小酒馆，风刮酒幌乱晃荡。这边写着三家醉，那边写着拆坛香。这边看立着个大牌子，上写着："三碗不过冈"！

"啊?！什么叫'三碗不过冈'？噢，小小的酒家说话狂。我武松生来爱喝酒，我到里边把这好酒尝。"好汉武松往里走，照着里边一打量：有张桌子窗前放，两把椅子列两旁。照着那边留神看，一拉溜的净酒缸。

这武松，把包袱放到桌子上，又把哨棒立靠墙："酒家，拿酒来。酒家，拿酒来。酒家，拿酒来。"连喊三声没人来搭腔。这个时候买卖少哇，掌柜的就在后边忙。有一个小伙计还不在，肚子疼拉稀上了茅房啦。

这武松连喊三声没人来搭话，把桌子一拍开了腔："酒家！拿酒来！"呦，大喊一声不要紧，我的娘！直震得房子乱晃荡！哗哗啦啦直掉土，只震得那酒缸，嗡隆、嗡隆地震耳旁。

酒家出来留神看：什么动静？啊！好家伙，这个大个咋长这么长！他看武松身子高大一丈二，膀子张开有力量，脑袋瓜子赛柳斗，俩眼一瞪像铃铛。胳膊好像房上檩，皮捶一攘像铁夯，巴掌一伸簸箕大，手指头拨拨楞楞棒槌长！

"哟，好汉爷，吃什么酒？要什么菜？吩咐下来我办快当！""有什么酒？有什么菜？一一从头对我讲。""要喝酒，有状元红，葡萄露，还有一种是烧黄，还有一种出门倒，还有一种透瓶香；要吃菜，有牛肉，咱的牛肉味道强；要吃干的有大饼，要喝稀的有面汤……"

"切五斤牛肉，多拿好酒，酒越多越好。""是。"这酒家牛肉切了五斤整，两碗好酒忙摆上，这武松，端起一碗喝了个净，"嗯，好酒。"端起那碗喝了个光："嗯，好酒！酒家，拿酒来！"

"好汉爷，吃饭吧，要喝稀的有面汤。""拿酒来。""酒不能再喝啦。我们门口有牌子，写得明白，三碗不过冈。""什么意思？""哎，噢，前边有个景阳冈。再大的酒量，喝完三碗酒，就醉到景阳冈下啦。这就叫三碗不过冈。"

【训练 5：创意方言配音】

训练提示：以下台词选自四川方言网络动画短片，请运用四川方言为动画片段配音，也可根据动画片内容变换其他方言进行创意配音。

网络动画短片《小鸭子》

网络动画短片《小鸭子》片段①

我是一只小鸭子，哎，花蝴蝶花蝴蝶花蝴蝶你等我你等我啊。那个是……呀！那是我的偶像的嘛，我把他拖回去。（用力拖动书本）啊……啊……那个姿势是楞个摆滴，哎，学会哪。我今天又学会了一个姿势啊！

哎呀不要帮我翻面，没看完！（风吹动书本）嗯嗯。（感觉有东西落在头上，摇头）啊，下雪了！妈妈，走哪

① 附音频资源 3-3-1。

去？你等我你等我……我！（含着书本飞）啊啊，我的偶像！（书本落到水中）啊……我的偶像掉到河头去了。啊！（差点被雷击中）啊……好冷呐！

啊……出太阳啦！书丢了，我就没得办法向偶像学习了。啊！（看到偶像站在身前，惊喜）啊啊偶像偶像偶像，偶像我来了，偶像我好喜欢你呀！（抱着偶像的腿）

网络动画短片《小蓝狗》片段①

啊啊啊，饿了三天了，好不容易捡到一个果果。哎哟！（摔跤）耶？那是个啥子东西哦？啊？鸡崽崽的嘛？哎呀你妈老汉呢？你哪个一个人在这哦？

唉算了，我个人自身都难保了，那个，呃，那个，那个果果我拿起走了哈。站起来嘛，我走啦，拜拜！

（鸡崽乱叫）哎哟哟你不要闹不要闹！这点儿很危险，乖一点哈！呃，你……你不要用你那个卡姿兰大眼睛盯着我，我晓得你很可爱，但是我连我个人都养不起，走了走了走了，唉，溜了溜了。

网络动画短片《小蓝狗》

（鸡崽跟着跑）你……你不要跟着我！我画条线，你不要过来哈！我我……我给你留个果果嘛，你慢慢吃，嘘！（慢慢后退）那我走了哈，拜拜！

（看到鸡崽身后有大蛇）呀！好大条乌梢蛇，幺儿快点跑跑跑！！好骇人呐天呐，哎哟。你没得事撒，乖乖？（拍拍鸡崽的头）好，没得事，没得事我就走了哈。我……我果果都搞掉哒，真的是，好，回去了。（边说边捡果子）

（突然看到有蝎子）耶？耶这是啥子哦！天哪！……（果子被小虫子推走）我……啊？果果？救他？果果？救他？（扔掉果子）还是救他嘛。

---

① 附音频资源3-3-2。

爬开爬开妖魔鬼怪（踢走蝎子）。哎哟真的是，唉？我把你放到那个树干干里头哈，那边比较安全对不对？（偶遇一群大黄狗）啊妈呀快跑快跑！

啊，你乖乖在这边等到起……哎呀有蜘蛛啊！哎哟妈呀，在这哈就等到……（突然看见食人鱼）哎呀不得行哦！（走在路上看到秃鹫、刺猬、鳄鱼等动物）啊啊耶我的妈妈！放开！我鸡崽崽！鸡崽崽！还……还给我！还给我！

（无数次脱险）哎呀那个真的是九九八十一难啊。哎哟幺儿，你那个，你好像是有点儿招灾，转过来我看看。（手捧鸡崽）乖还是乖哈，那个……哎呀！（狂风吹来，两只都飞到天上）你飞起来了个嘛。快过来，哎呀！（落地）哎哟，好骇人哦那个。要来，你来告诉我你飞不飞得起来。哎对对对飞起来，飞飞！你要学会自己变强大！你强大了以后别个就欺负不到你哈！来飞一个！飞起来，飞起来！哎对，这回我们飞高点要不要得？来，1、2。（把鸡崽往上捧）哎！耶？啊？咋子回事啊？

（鸡崽被老鹰捉走）啊，好高啊！但是我要去救他！我必须要去救他！我不怕！我可以！我可以的！（纵身一跃，落到老鹰身上）呀！打你打你打你。你把我的鸡崽崽还给我，你快点，不然我把你毛都给你拔秃，把你做成酱板鸭。快点把我鸡崽崽还给我。打你打你！（看到鸡崽往地上落）鸡崽崽……鸡崽崽，你乖哈，这是我最后一次保护你了！啊，好高啊！你一定要学会强大，你要飞起来哈！给我飞！

（把鸡崽往天空扔，自己仍在下坠，突然一阵强风将蓝狗吹起）耶！我飞起来了，哈哈！鸡崽崽，哎哟！（摔在地上）啊，还活起的，来嘛抱一个。哎呀乖乖，哈哈！乖乖你是不是会飞嘛，给我飞一个，飞高点，再飞高点！

（很久以后鸡崽长成了，给蓝狗采果子）哎呀乖乖够了，你看嘛那么多果果已经够我吃了，来歇一会儿歇一会儿哈。

第四章
网络主播
人声创作

　　2016 年被很多人称为"网络直播元年"。网络直播自诞生开始，就以几近疯狂之态飞速成长。真人秀聊天直播、演唱会直播、体育直播、游戏直播等网络直播方式层出不穷，几乎渗透各个行业、领域。直播热的背后反映了怎样的社会心理？蜂拥而至的草根主播如何提升直播品质？网络直播产业的发展催生了"网红经济""粉丝经济"等新的经济模式，也让声音创作研究者把目光聚集在各类网络直播上。本章重点探讨带货主播、聊天主播、美食主播、电竞主播、演唱主播的人声创作技巧。

截至 2020 年 3 月，我国网络直播用户规模达 5.6 亿，占网民整体的 62%。① 网络直播的兴起让个人才华不再被埋没，一夜成名、瞬间收获千万粉丝的现象屡见不鲜。在网络直播如火如荼发展的表象之下，盲目跟风、追求一夜爆红不是长久之计。

第一节　带货主播

随着科学技术的变革，人们的购物方式也在发生巨大改变。从线下选购到电视购物、网站购物，再到电商直播带货，消费者的购物习惯和购物趋向也在不断改变。电商直播带货，是借助信息化数字技术，随时随地与客户进行直接交流的销售模式。因此，相较于传统购物方式，新媒体在汇聚流量上具有先天优势。

截至 2020 年 3 月，我国电商直播用户规模达 2.65 亿，占网民整体的 29.3%。② 2020 年，淘宝、京东、拼多多、抖音、快手、微博、小红书、B 站、虎牙、花椒、斗鱼等均开设了直播带货平台。

直播带货的火爆营销，也成就了一批"带货网红主播"，其名气与身价随之上涨。但在主播走红的背后，我们也发现了一些随之而来的问题，如主播高强度的用声能否持久？怎样避免嗓子哑掉？主播如何将产品功能描述得准确且有吸引力？作为新兴职业，网络带货主播的培养机制尚未完善，各个平台的选拔标准也不尽相同，一些平台的门槛相对较低，这些问题都亟待解决和完善。为促进电商直播带货的良性发展，应采取一系列有针对性的措施，如提升网络带货主播的个人素质，制订主播选拔标准和机制，对主播提出基本的表达要求，等等。

---

① 数据来源于中国互联网络信息中心（CNNIC）发布的第 45 次《中国互联网发展状况统计报告》。
② 数据来源于中国互联网络信息中心（CNNIC）发布的第 45 次《中国互联网发展状况统计报告》。

一、"重音"明确目标

(一)"叫喊式"不如"吐字清"

与科班出身的广播电视主持人相比,大多数网络主播并未接受过系统的语音与发声训练,造成了带货主播在直播中基本靠"喊"的现状。这种"叫喊式带货"类似于传统的街边叫卖。但在科技发达的今天,叫喊式卖货是十分吃力且不讨好的。一方面,现代电声设备对于小音量的声音比较敏感,而对于高强度的大音量传播效果较差,且音量的大小可以通过后期剪辑或者用户手机进行调节,单纯的大音量叫喊式发声对于传播的意义不大;另一方面,现代人处于安逸和平的时代,越来越多人排斥高声呐喊式表达,喜欢真挚朴实的语言、心平气和的表达。

因此,为了达到准确介绍商品功效的目标,主播采用叫喊式带货方式不如加强吐字清晰度。一方面,加强唇舌的吐字力度,说话时双唇和舌体不能是松垮的,而应该是集中有力的。我们可以用"撮唇""弹舌""双唇打响"等方式训练唇舌力度,从而加强吐字清晰度。另一方面,加强普通话的标准语音学习,尽量避免误读,提升主播的普通话水平,树立更好的主播形象。

当然,一些方言的使用会增强主播的亲切感,但使用方言要适度。观看直播的受众可能来自天南海北,如果主播的方言口音较重,会加大不同地域观众的理解难度。主播可以在确保观众理解的基础上,适当运用方言俚语,增添表达色彩。

(二)"用全力"不如"用重音"

重音是提高语言表达效率的重要手段,任何有效的语言表达,都离不开准确的重音。"对那些重要的、主要的词或词组,播讲时要着重强调,以便突出地、明晰地表达出具体的语言目的和具体的思想感情。我们着重强调的词或词组就是重音。"[①] 恰当的重音表达能使语义更准确,感情更鲜

---

① 中国传媒大学播音主持艺术学院. 播音主持创作基础 [M]. 北京:中国传媒大学出版社,2015:148.

明，话语逻辑更清晰。在网络直播带货中，主播若能灵活、巧妙地运用重音，可以加倍提升商品的推广效率，达到举重若轻的用声表达效果。

重音不是简单的重读，提高、拉长、放低、停顿等都是体现重音的表达技巧，主播要根据语言表达的具体情况灵活运用。重音的运用原则有四点，即少而精、有对比、讲分寸、多变化。我们知道，如果表达中字字强调相当于没有强调，处处用力相当于没有用力。要想达到凸显重音的效果，就要依据内容确定重音词语，加强重音与非重音的对比，表达出主要重音、次要重音、非重音的层次和分寸，加强不同感情色彩的重音表达变化。如此，才能在描述不同商品的特性时事半功倍，达到销售产品的目的。

二、"语势"激发情感

（一）"唱高调"不如"波浪式"

此处论及"唱高调"，指的是高声调语言表达。我们常常看到主播在带货直播间里连续不断地"高声叫卖"，从而导致嗓音沙哑、嗓子肿痛。其实，一直"唱高调"的语势高度，不如"波浪式"的语势变化。张颂说："语势，指一个句子在思想感情的运动状态下声音的态势，或者说有声语言的发展趋向。"[1] 在人声创作中，一味地高声调表达是没有吸引力的。人的语势是随着思想感情变化而发生改变的，这种语势的变化可以用线条来体现其高低走势。当我们用线条勾勒出句子语势变化时，会发现所有语义的明确表达，它的语势是呈"波浪式"前进的。

波浪式的用声方法，一方面可以加强声音高低强弱的对比，有利于主播表达较强烈的情感；另一方面可以增强受众收听的舒适度，以缓解持续高强度声音带来的听觉压力，也避免过低过平声音带来的困倦和枯燥。

---

[1] 转引自中国传媒大学播音主持艺术学院. 播音主持创作基础［M］. 北京：中国传媒大学出版社，2015：179.

（二）适当用"语势"激发情感

在大多数的网络直播带货中，我们可以看到主播用夸张的表情、言辞、声调夸赞产品功效，仿佛遇到了"灵丹妙药"。一些受众买回产品使用后发现，自己的使用感受与主播表现出的使用感受大相径庭，甚至有上当受骗之感。一些受情感诱惑失去理智的粉丝，为了支持自己视作偶像的主播而过度消费，不计时间和金钱，甚至不考虑成本和后果。受众因信任主播而消费，而主播的夸张销售也恰恰消费了受众的信任。

带货主播宣传产品优点，无可厚非，但对商品信息的宣传应建立在货真价实、真实体验的基础之上。主播在介绍商品功效时，要将自身的真实感受准确地通过声音表达出来，而恰当地运用语势变化，可以更好地体现这一点。一些知名演员在带货直播中的表现就好很多，如影视剧演员刘涛在推荐某品牌麦片时，用准确的词汇和语势表达，给人留下了较好的印象。

语势的波浪起伏变化有四种常见的形式，即上山类、下山类、波峰类、波谷类。上山类，指起音低、后逐渐升高的语势，一般表现积极、疑问、惊讶的语气。下山类，指起音高、后逐渐降低的语势，一般表现消极、悲伤的语气。波峰类，指起音低、中间高、尾音低的波浪语势，一般用在情感或信息较复杂的句子中，重音往往在句子中间。波谷类，指起音高、中间低、尾音高的波浪语势，一般用在情感或信息较复杂的句子中，重音往往在句子的首尾。

主播在带货直播中，可以灵活叠加运用这四种不同的语势变化，根据商品的使用体验，真实准确地展现商品价值，用恰当的语势合理调动受众购买欲，同时帮助其树立正确的消费理念。

主播的语言表达的确需要语势变化。带货主播工作量大且持续时间长，单一语势表达很容易使人产生听觉上的疲惫。他们一般会按照服饰、美食、美妆、生活日用品等分门别类地进行销售，介绍不同类别产品的特征时相应地变换语势，在音高、音强、音色、节奏等方面进行调整。

三、"护嗓"维持长久

(一) 声嘶力竭不可延续

目前，大部分主播是独自一人完成整场带货直播的。为了实现平台流量最大化，黄金时间段的直播是不能间断的。因此，主播独自一人连续直播 4 小时以上似乎成了家常便饭。在这样高强度的持久发声后，声带会不堪重负，网络主播的声音也常常是沙哑疲劳的。嗓音沙哑，嗓子疲劳甚至疼痛，对于网络主播来说绝对不是长久之计。

我们在用声过程中，要尽量避免"声嘶力竭"的情况，极度撕扯声带会大大损伤发声器官，让声音变得越来越难听。在人声创作过程中，可以遵循"七与十"的原则，即声音运用不超过七分，情感抒发要达到十分。也就是说，要在声音可控且绰绰有余的情况下，以最饱满的情感进行人声创作。

(二) 保护嗓音才是长久之计

咽喉，是呼吸器官的一部分，也是重要发声器官。网络带货主播需要长时间、高强度地用声，因此，保护嗓音、科学用声才是带货主播长久的生存之计。嗓音的保护方法如下。

1. 强健体魄，修身养性

良好的声音状态反映了发声者身体的健康。而想要时时保持良好的发声状态，强健体魄、增强心肺功能是必要的。发声是一种生理活动，需要发声器官保持良好的状态，尤其是发声的动力系统，肺部的气息容量，小腹力量的强弱，胸廓的扩张与收缩能力，都直接关系气息的持久和稳定。

因此，坚持锻炼身体，健走、慢跑、游泳、有氧健身操等可以增强心肺功能，扩大肺活量；哑铃、杠铃等核心力量训练可以增强小腹肌肉力度，从而加强牵制两肋回收的力量，进而延长气息的呼出时间，使气息更加持久耐用、稳定有力。

一些体型较为瘦小的女生，发声时感觉气息明显较弱，声音较为轻飘，就是因为肺活量偏小，心肺功能不强，体质偏弱，中气不足。因此，要格外注意强身健体。

2. 习惯良好，睡眠充足

如今，很多人喜欢熬夜晚睡，第二天则精神疲惫、神思倦怠。充足睡眠是身体健康的重要保障，更是获得良好发声状态的基础。同时，要杜绝不良嗜好。抽烟、喝酒等都会损害嗓子，甚至造成声带小节等病变。生活中应尽量少吃生冷、辛辣的刺激性食物，尤其是用声之前，尽量喝温水，避免吃过冷、过热、油腻、辛辣之物，避免吃得过饱。

3. 嗓音问题，及时诊治

由于有声语言工作者长时间用声，容易引发咽炎等嗓音问题。嗓子不舒服时，不要过度用力地清嗓子。清嗓子时，气流会猛烈地震动声带，从而损伤发声器官，可以在嗓子难受时小口喝温水来进行缓解。平日里可以多喝胖大海和金银花水，用淡盐水漱口，适当服用利咽含片。如发现咳嗽、咽喉痒痛等症状要及时就医，以防急性咽炎发展为慢性咽炎。

【主播训练①】

训练提示：请以下列台词片段为例，自由发挥，进行一段带货直播。要求主播熟悉商品特点，抓住受众心理，情绪饱满，语言简明直白。

它是中国港亿辉柏嘉制造的一支钢笔，没错这是辉柏嘉的钢笔，这个六角的橙色系列是他们历史上最经典的一款，所以这个也是卖得非常好的一支笔。过去我们知道钢笔被淘汰的一个主要原因是不方便更换墨水，但现在我们的钢笔制造技术有了巨大的提高。这支笔可以通过旋钮，把墨水给吸上来，且可以反复清洗使用。这是我个人最喜欢的一款，非常非常好，书写的时候非常舒适，笔尖很细，书写流畅度适中，不生涩又顺滑。

——网络主播罗永浩

麝香猫咖啡，又称"猫屎咖啡"，原产于印度尼西亚，是目前世界上最贵的咖啡之一，每磅（约0.45千克）的价格高达几百美元。麝香猫吃下成熟的咖啡果实，经过消化系统排出体外后，由于经过胃酸的发酵，产

---

① 附音频资源4-1-1。

麝香猫

出的咖啡别有一番滋味，成为国际市场上的抢手货。

麝香猫喜欢挑选咖啡树中最成熟香甜、饱满多汁的咖啡果实作为食物。而咖啡果实经过它的消化系统，被消化掉的只是果实外表的果肉，那坚硬的咖啡原豆随后被麝香猫排出体外。

这样的消化过程，让咖啡豆产生了无与伦比的神奇变化，风味独特，味道特别香醇，丰富圆润的香甜口感也是其他的咖啡豆所无法比拟的。这是由于麝香猫的消化系统破坏了咖啡豆中的蛋白质，让由蛋白质产生的苦味少了许多，增强了这种咖啡豆的圆润口感。经过加工和烘焙，猫屎咖啡成为奢侈的咖啡饮品，流传到世界各地。

制作麝香猫咖啡时，印尼人去除咖啡豆外表银灰色的薄膜后，用水洗净，放在太阳下晒干，再加以翻炒，便成了猫屎咖啡豆。1斤麝香猫排泄物中只能提取约150克咖啡豆，在烘焙过程中还会造成20%的损耗。由于原材料和制作工艺都十分独特，这种咖啡可以说是十分稀有，每年供应全球的咖啡豆最多也不会超过400千克。

——文字来源于网络资料

第二节　聊天主播

近年来，风格各异的网络直播聊天锁定了越来越多的粉丝受众群。聊天与闲谈，本来是生活中最普通、最直接的人际交流方式，如今在网络传播中却占据了重要一席。我们知道，广播电视是以大众传播的方式进行信息传递的，而手机等自媒体工具渐渐阻挡了人与人之间的面对面沟通，人际传播效果被大大削弱。很多网友转而把目光放在了直播间里的主播身上。聊天直播，在一定程度上削弱了人们对人际沟通的需求，成为很多人沟通交流的新方式。

直播聊天室里的主播到底是以什么来吸引受众的？如何提升聊天主播的声音魅力和语言表达能力？本节重点讨论聊天主播的人声创作技巧。

一、"音色"吸引注意

主播的独特音色往往是吸引受众的重要因素。每个人天生具有独一无二的音色，有的明亮悦耳，有的低沉喑哑，有的尖细刺耳，有的沙哑干涩。一些沙哑的音色一样可以在说话和演唱中达到意想不到的效果。原因是，任何原生嗓音都可以通过科学的发声方式进行美化和提升，从而充分展现个性音色和个人魅力。

日常生活中，人们经常会说到一个人的音色如何好听，这里的音色其实是指嗓音的综合体现，包括吐字、共鸣等因素在内的整体印象。而狭义的音色，是语音的四个物理要素之一。语音的四要素包括音高、音质、音强和音长。其中，音色就是音质，与每个人的声带形状有关。我们可以通过调节声门的开合来展现不同的音色，不同的音色也可以表现不同的感情色彩。

（一）严肃正式的实声

实声的特点是，发声时声门闭合，没有缝隙，没有气流摩擦声，发出的声音音色明亮，有明显的紧绷感。实声的发音，发声者会略感费力。声门过紧时，会产生紧张挤压之感。

实声常常会给人以严肃正式的感受。人在愤怒时常用实声来表达强硬的态度。新闻播音员都是用实声进行播报的，从而增强权威感和可信度。在网络聊天直播中，过多采用实声会让人产生疏远感和距离感，聊天主播要注意实声成分的运用。

（二）温和亲切的虚实声

虚实声的特点是，发声时声门较为放松，略有缝隙，有气流摩擦声，发出的声音音色柔和自然，相当于实声与少量气声的结合。发声者不用太费力，用声较为舒适。

虚实声常常给人以温和亲切的感受。我们在生活中常会遇到嗓音有磁性的人，其实他们就是运用了虚实声结合的发声方式。在一些情感类广播节目中，主持人也常用虚实声结合的音色，拉近与听众的距离，进行心贴心的交流。

（三）安静柔弱的虚声

虚声的特点是，发声时声门未闭合，有缝隙，气流摩擦声较大，声音发虚，相当于气声。声门过度张开，会产生只有气流摩擦声的气声音色。长时间使用气声，发声者会出现气息不够用的情况。

虚声常常给人以安静柔弱的感受。我们在图书馆或自习室里为了不打扰他人，常用虚声说话，说话时声带不会震动，单靠气流与口腔发音部位的摩擦产生字音。重病卧床的人，说话时会过多地使用气声，表现出身体虚弱无力的状态。在网络聊天直播中，主播可以适当使用虚声来调节言语表达的情感色彩，但注意虚声成分不要过多，避免矫揉造作，令人生厌。

二、"语气"共情互动

据《现代汉语词典》（第七版），语气释义为"说话的口气，表示陈述、疑问、祈使、感叹等分别的语法范畴"。播音学界泰斗张颂教授认为，语气是思想感情运动状态支配下语句的声音形式。[①] 语气表现了人们说话的口气，是人的思想感情的具体体现。网络主播应注意在聊天直播中不同语气的运用，在情感上使受众产生共鸣，增强同理心和共情感。

积极态度、情感支配下的语气，更有利于与受众的共情互动。

（一）平和耐心的语气

在运用平和耐心的语气时，语势高低起伏不大，趋于平稳，用声以中

---

① 参见张颂. 播音创作基础［M］. 3版. 北京：中国传媒大学出版社，2011：103.

低音为主，音量不大，语速较慢，娓娓道来。气息顺畅自然，口腔松弛有度，声音真挚朴实。通常在聊天直播中，平和耐心的语气较为常用。

（二）温柔多情的语气

在运用温柔多情的语气时，语势会随着情感的发展顺势而上或者顺势而下。男声可以中低音的大叔音为主，气息深长，口腔放松，音色有磁性。女声可以中高音的萝莉音为主，气息较浅，口腔收紧，音色甜美诱人。在一些情感类聊天直播中，可以多使用温柔多情的语气，吸引有相似情感经历的受众倾听。

（三）欢乐激昂的语气

在运用欢乐激昂的语气时，语势跌宕起伏，多为上扬，节奏明快，气息充足，音量较大，用声偏高，情绪亢奋热烈。在一些娱乐搞笑类聊天直播中，可以多使用欢乐激昂的语气，配合具有节奏感的音乐，打造气氛热烈的直播风格。

三、"风格"锁定粉丝

在聊天直播中，我们能听到萝莉音、御姐音、大叔音、公子音等。这些音色的发音特点和技巧已在前一章进行了探讨。这些特殊音色恰恰帮助主播实现了风格定位。很多网友被一些网络主播的声音迷住，为其倾倒，便是用声音风格成功"锁"住了粉丝。在网络聊天直播中，我们可以把主播风格大致分为甜美少女风、清新公子风、成熟御女风、沧桑大叔风等几种较为受欢迎的风格特征。

（一）甜美少女风

甜美少女风主播，往往具有可爱的外表和甜美的声线，会适当撒娇卖萌，语言节奏轻快，语气轻松活泼。甜美少女风主播善于展现少女的青春活力和单纯善良的性格，其锁定的粉丝往往以年轻男性居多。

（二）清新公子风

清新公子风主播，往往具有年轻英俊的外表和清澈明亮的声线，语言节奏轻松随意，语气体贴率真。清新公子风主播善于洞察细腻情感，也具有风流倜傥、放荡不羁的性情，其锁定的粉丝往往以年轻女性居多。

（三）成熟御姐风

成熟御姐风主播，往往外表和气质都具有十足的女性韵味，声音优美，谈吐大气，语言节奏沉稳流畅，语气细腻多情，略带忧愁冷静。成熟御女风主播思虑周全，性格坚强，心智成熟，其锁定的粉丝往往以中年男性居多。

（四）沧桑大叔风

沧桑大叔风主播，往往外表健硕刚毅，声音沧桑低沉、浑厚有质感，语言节奏沉稳，语气温柔多情。沧桑大叔风主播思想成熟，熟知人情冷暖，其锁定的粉丝往往以中年女性居多。

【主播训练1①】

训练提示：请以下列网络主播的台词片段为例，自由发挥，进行一段网络聊天直播。要求主播具有鲜明的直播风格，内容关注度高，语言精练有效。

祝我们直播间所有正在看我直播的小伙伴们，善良的小伙伴们，世间的美好都与大家环环相扣。祝福。现在已经8:30了，我们准备抽奖吧！我们抽的是什么呢？就是冯提莫"无界"演唱会的全记录，我来给你们看一下，包装非常的精美，它里面不光是只有DVD哦，看一下这个是歌词页，然后是一些演唱会当时拍摄的写真。它的质感也是非常厚实非常好的，这个面料是磨砂亮面的，非常有讲究。快点参与进来吧！

——网络主播冯提莫

今天教的护肤手法，是使护肤品的功效达到最大化。我早上起来第一步就是清水洗一下，再将化妆水抹开轻拍。第二步是上眼霜，眼霜我一般取一点点在我的手指上，从内眼角至外眼角去做一个按压，注意不要一次性上特别多哦，轻轻地按摩，其实这个按完之后是非常非常舒服的。这个

---

① 附音频资源4-2-1、4-2-2。

动作其实就是有助于眼中的血液循环的，可以减轻这种血管型的黑眼圈。下一步就是精华，下颌线这个位置不要忽略掉哈。接下来是乳霜，我觉得如果你是大油皮的话，是可以不用抹封闭性乳霜的，很多人都是面颊跟"T区"混合性的肌肤，更要避开容易出油的位置。我建议再加一个控油的乳液，通过手掌来帮助更好地融化吸收。OK，这一步过后就是防晒了，面霜和防晒之间稍微间隔了一分钟，让它吸收一下。很多人犯的一个错误，就是虽然抹了防晒但是还是容易晒黑，那就是你防晒抹得太少了，要注意包括眼周也要照顾到，少量多次地上哈。

——网络主播骆王宇

大家好，我是罗永浩，我是一家著名的手机公司的创始人。在公司全盛时期呢，我们一度差一点收购苹果公司，后来呢，我就欠了六个亿的债。这人呢，欠了六个亿之后，他的生活会发生很多奇怪的变化。比如说我妈，以前呢，她因为儿子比较胖，总是告诉我，不要吃夜宵，高热量的东西不要乱吃，不要胡吃海塞。但是六个亿新闻出来以后，她给我打电话，她就说："你以后想吃点什么就吃点什么吧。"

我老婆的反应也比较奇怪，她在家焦虑了很多天之后呢，有一天突然就跟我说："要不咱们也去美国，就别回来了。"我的朋友的反应也很奇怪，之前我公司经营不善的消息传出去之后呢，他们很多欠了我钱的，就拼命在凑钱、筹集钱，说赶紧还了帮老罗解忧。但是传出六个亿的消息之后呢，他们说："就先别还了，我们这点儿钱还了，好像对六个亿也于事无补。"我一时无法反驳。

在这个还债期间，有一次得了一场急病，然后在医院住了两天。夜里昏昏沉沉醒过来，打开手机一看，有一百多条来自朋友的问候短信，发现百分之八九十的短信来自债主朋友。我当时看，但他们问候的方式很奇怪，说："老罗你还在吗？你还在吗？在吗？在吗？你怎么不回我？你还在吗？"完了我就给他们回，我说："我还在，别慌。"

——网络主播罗永浩

【主播训练2】

训练提示：请以下面这篇文章为基础，进行加工和改编，做一段网络情感直播。

幸福没有榜样①

有时，我们总是感到自己的生活不够幸福，不如人家的日子过得那样滋润甜美，还常常拿别人家的幸福做榜样，去寻找自己的幸福。"榜样的力量是无穷的"，可是，到头来，我们会发现，唯独这人追人寻、人见人爱的幸福，没有榜样，常常是求而不得，甚至徒生烦恼。

幸福是什么？《现代汉语词典》给出的答案是"使人心情舒畅的境遇和生活"。但是，同样的"境遇和生活"，不同的人却有不同的感觉。乞丐得到一顿饱饭，心情会很舒畅，感到幸福的降临；不说一顿饱饭，就是一桌山珍海味，在大款大腕那里，大概也激不起一点快乐的心情吧？作家史铁生的境遇，很让我们同情，他不幸患有尿毒症，但他说："生病的经验是一步步懂得满足。发烧了，才知道不发烧的日子多么清爽。"并说："终于醒悟，其实每时每刻我们都是幸运的。"我们这些身体还算健康的人，能体验到不发烧也是一种幸福吗？会把幸福的底线放得这样低吗？

其实，词典给出的幸福答案是不大准确的。即使同一境遇，人们对幸福的理解也是千差万别的。生活在大体相似的环境里，一百个人眼中的幸福观，或许还不止一百个呢，有时同一个人，不同的时期就有不同的幸福观。幸福观的模糊，对幸福理解的个性化，这大概也告诉我们：幸福，没有模式；幸福，没有榜样。

幸福，没有榜样。梁实秋也这样说："幸福与快乐，是在心里，不假外求。求即往往不得。"我的一位远房侄女，日子本来过得很快活。一次同学聚会，看一位同学，居有豪宅，出有"宝马"，很是羡慕人家的幸福生活，就开始抱怨自己的男人只会教书，不会赚钱。原有的快乐也因寻找幸福的榜样，而逃之夭夭。

---

① 赵亚兴. 幸福没有榜样［M］∥曹文轩. 幸福，像花儿一样开放. 郑州：文心出版社，2012：188-190. 收录时略做改动。

还有，我们眼中的别人的幸福，有时并不是那么一回事。我们常常喜欢用世俗的眼光看别人的幸福，常常认为有权势，有财富，有显赫的名声，有骄人的业绩，就会有幸福，有舒心的日子。其实，幸福有时恰恰与权势、与财富离得很远，与名声、与业绩也并不怎么亲近。侄女那个同学，近日，婚外恋闹得沸沸扬扬，幸福显然并不在他家。孟德斯鸠好像说过这样一句话，如果你仅仅希冀幸福，这不难做到；但期望像别人那样幸福，这总是难于做到，因为我们认为别人会比实际更幸福。"幸福的家庭都是一样的"，然而，每个人对幸福的感悟又各有各的不同。这大概与人们的不同追求有关。勇敢的人，追求刺激，冒着生命危险或是攀登高山，或是漂游湍流，感到是种幸福；沉静的人，喜欢安闲，甘愿生活寂寞，或是一部《庄子》，或是一首古曲，也会心中溢满快乐。伟大的哲学家康德，把人生的追求归结为："我是谁？我要干什么？我能干什么？我如何去干？"幸福大概就是对这些问题的回答。能行风行风，能行雨行雨；能运筹帷幄，可当经理；有一身力气，蹬起三轮车也有歌声相伴。幸福，其实只是一种感觉，自己做了自己能做的事，感到活着是多么有意思，人生是多么美好，你感觉到了，你便拥有幸福，这和他人的评论毫不相干。

幸福，完全在于自己，自己有个真实的人生，对自己的人生尽力了、负责了，对得起社会、对得起父母与妻子儿女，就是充实的人生、快乐的人生。心存快乐，就是幸福。

幸福，在自己的心中；幸福，没有榜样，也无需榜样。

第三节　美食主播

网络美食直播，常被称为"吃播"，源于 2015 年兴起于韩国的一档美食真人秀节目。这些美食直播节目给观众造成了一种"看过即吃过"的心理感受，受到众多观众的喜爱。近年来，越来越多的美食主播在网络上走红，很多大胃王食量惊人，能吃下几人份的食物，又敢于尝新，敢吃别人没吃过、不敢吃的东西，甚至还有一些更新奇、更不可思议的吃法。一些美食主播用健康换取流量的做法是不可取的，更是不可延续的。

当然，网络平台上更多的是健康积极的美食直播，这些美食主播用生动细腻的言语，结合诱人的吃播画面和音效，令美食爱好者感到满足。美食主播在直播时，往往要边吃东西边说话，那么美食主播如何兼顾言语表达与品尝美食的动作呢？本节讨论网络美食主播的人声创作技巧。

一、"停顿"与"留白"

留白，是我国传统艺术的重要表现手法之一，被广泛用于绘画、陶瓷、诗词等领域中。书画艺术中的留白，是指为使整个作品画面和章法更为协调精美而有意留下相应的空白，从而留有想象的空间。在文学艺术中，也有"不着一字，而形神俱备"和"此时无声胜有声"的留白。

在口语表达中，停顿就是留白的具体体现。口语表达中的停顿是十分必要的。第一，停顿是一种生理需要，任何人都不可能一口气不间断地说个没完，听者也不可能接受连续不断的语言刺激，二者都需要适当的停顿。第二，停顿是一种心理需要，是内容表达、情感调动的需要，口语表达中没有标点符号，而停顿就是有声语言的标点符号。第三，言语表达中的停顿可以用来表示强调、转折、思考、判断、回味、呼应等语义的加强。

在网络美食直播中，美食主播常常会现场品尝食物，用语言、表情、动作来表现品尝食物的感受，而停顿就是重要的语言表达方式之一。美食主播要善于并巧妙运用停顿的技巧，对食物特色进行强调，对食物价值进行思考判断，对品尝感受进行回味咀嚼。

（一）突出强调性停顿

网络美食直播的目的不仅仅是让受众欣赏美食的外观，更要加深美食留给受众的印象，从而使其想方设法去品尝到这种美食。加深印象的方法之一，就是运用停顿来强调和突出美食在味道、口感、原料、产地、制作工艺、厂家品牌等方面的特别之处。如"米粉这样拌着吃真是太爽口了！"为了表现其美味程度，可以在"太"字前面停顿，从而调动受众的味蕾。

（二）回味咀嚼性停顿

在很多文学作品中，结尾的词句往往不是戛然而止的，而是留给读者想象和回味的空间。言语表达中的停顿"是播讲者具体的思想感情运动延续的结果，它使文章意犹未尽、回味无穷，受众可以据此展开联想，感受到其中的深意"①。网络美食直播中的回味咀嚼更为重要，美食主播一方面可通过品尝的表情和动作来回味咀嚼，另一方面也可运用言语停顿留给受众回味咀嚼的空间。

（三）思考判断性停顿

很多人在说话时害怕停顿，担心表达不够连贯，这是不可取的。我们可能会有这样的课堂经历：老师在讲台前滔滔不绝，"溜号"的学生在下面小声私语，而这时候老师突然不讲话了，"溜号"的学生也立刻停止说话，以为发生了什么重要的事情，教室里一下子鸦雀无声。这就是留白与停顿的力量，老师不费一句口舌就达到了维持课堂纪律的目的。

在网络美食直播中，主播往往需要帮助受众判断食物的属性、成分、性价比、作用、效果等，回答网友在线提出的相关问题。这时，适当的思考判断性停顿尤为重要。倘若对他人的问题不假思索地快速回应，会给人一种随便敷衍的感觉。而以相应的言语停顿来表示思考和判断，反而会增强言语表达的可信度。停顿与留白是主播很有效的表达技巧之一，善用言语停顿会产生意想不到的效果。

二、"感受"与"表演"

据《现代汉语词典》（第七版），感受的名词释义为"接触外界事物得到的影响，体会"。感受是一种反馈过程，是人的生理和心理对外界信息的响应，也是"感知于外，受之于心"的过程。日常生活中，我们无时无刻不在感受着空气、温度、光线、声音、景色等。而网络美食直播正是通过充分调动受众的视觉、味觉、听觉等刺激，使其产生相应的感受。因

---

① 中国传媒大学播音主持艺术学院. 播音主持创作基础 [M]. 北京：中国传媒大学出版社，2015：131.

此，美食主播应该是感受丰富、善于表演的人。

（一）视觉感受

色、香、味，是美食的三要素，把"色"排在首位，可见视觉刺激的重要性。网络直播中的美食不仅要拍得色泽好看，更需要主播根据颜色进行描述和强调，引导受众，从而给受众带来视觉刺激。

（二）听觉感受

美食主播的一言一行都在受众的瞩目之下，除了言语描述和语气强调之外，美食主播在吃烤鸭、火锅、拌面等食物时所发出的声音，往往会引起受众强烈的食欲，这就需要美食主播具备一定的表演能力。主播的语言、语气、语调、表情、动作等，都是刺激受众听觉、视觉的手段。

（三）嗅觉感受

在网络美食直播中，受众隔着屏幕是闻不到美食的香味的，但是美食主播可以表现和传递自己的嗅觉感受。在一定的言语表达铺垫的基础上，主播可以使用适当的表演技巧来体现食物的气味，丰富表现手段。

（四）味觉感受

通过观看美食直播，受众虽不能品尝到食物的美味，但常常会有"看到即吃到"的错觉。受众的味觉感受被美食主播的吃播过程所刺激，产生了"望梅止渴"的效应。以表演展现美食带来的味觉感受，是美食主播的常用手段。

三、"需求"与"满足"

马斯洛的需求层次理论认为，人类行为受到五个不同需求层次的驱使。这五个需求层级分别为生理需求、安全需求、社会需求、尊重需求和自我实现需求。其中，生理需求是第一个层次，是指人体呼吸、吃饭以及其他的基本生理需求。由此可见，美食直播恰恰满足了每个人都需要的最基本的生理需求，对于酷爱美食的网友具有极强的吸引力。

很多人对于吃播越看越上瘾，就是因为美食直播针对的是受众的基本生理需求。美食主播带着渴望美食的状态完成吃播过程，将自身的味觉满足感通过声音、表情、动作表演出来，让受众感同身受，获得满足感。

【主播训练 1①】

训练提示：请以下列网络主播的台词片段为例，自由发挥，进行一段网络美食直播。要求主播具有鲜明的直播风格，内容关注度高，语言精练有效。

哦对了，刚才说到咖啡味的对不对？我来给你看一下。（拿麦片）我这一包呢是我之前吃过的，开过的，所以已经只有半包了。（边吃边说）这个咖啡味呢，它采用阿拉比卡的咖啡豆，所以你一打开，整个袋子呢，（闻袋子）嗯！就是扑鼻而来的这种咖啡香。干嚼呢就越嚼越香，越嚼越香。如果你要是拿牛奶泡的话，完全就是一杯热拿铁。它里面有腰果，还有葡萄干，还有我们这种咖啡的冻干块儿。（喝一口）完全不甜，但是呢味道很浓，超好吃的。（又吃一口，点头）嗯！最重要的是什么呢？（边吃边说）饱腹感很强！是不是看我吃自己也有很馋的感觉？因为真的太好吃了！真的！要不你也来一口？

——影视演员刘涛

Hello，大家好！我是 papi，那今天呢我给大家推荐一种我近期超喜欢的产品——大米饭。那这个产品呢，这几十年"风都很大"②，但是我并没有看到有什么博主推荐它，所以它很小众。然后为了录今天这期视频呢，我特别穿上了同色系的外套。

这种大米饭一开始差不多是三十几年前我妈推荐给我的。那我一直有听说这个东西超级棒，但我本人就一直对它将信将疑，直到我吃了一口之后，我发现，哇！这种大米饭呢我们办公室的小朋友一般都会把它当作主食来食用，但是我不会，我一般都是把它当作代餐来食用。欸，大家看能不能看清啊？这个里面呢，它添加了水稻因子，真的非常有饱腹的感觉。像我身边如果有减肥健身的朋友，我都会推荐他们吃这个，然后一定

---

① 附音频资源 4-3-1、4-3-2。
② 表示很受欢迎。

要配上五花肉。

同时，这大米饭是一个非常好的 DIY 的产品，不管用它做炒饭啊或是盖浇饭啊，都 OK。那大米饭的成分非常的温和，不管你是干性肌肤、油性肌肤，或者是什么慢性胃炎，孕期或者是哺乳期你都可以食用。大米是白色的，一粒一粒的，你不管是用筷子或者是用勺子吃都非常的方便，一次差不多这样一碗的量就够了。那有人问我能不能一次吃好几碗？那我不确定唉。每个人的体质不一样，不过我一般这样一碗就够了，小胃，you know！不过我建议大家呢，没事做不要吃太饱，不然的话，别人就会说，你是不是吃饱饭没事做？

我是真的觉得大米饭这个东西非常的不错，才推荐给大家的哦，像我这辈子的话，应该已经吃掉好几百袋了吧。平时家里都会备一些，也不贵，饿的时候就可以吃的。好，那就希望大家都可以买来吃吃看。本期视频没有任何的推广，那我们下次再见啦，拜拜。

——网络主播 papi 酱

【主播训练 2】

训练提示：请以下面这段材料为基础，进行加工和改编，做一段两分钟左右的网络美食直播。

三文鱼的营养价值很高，蛋白质含量要远远高于其他鱼类，18 种不饱和脂肪酸让三文鱼的营养成分更高。三文鱼中有一种特殊的元素叫作"虾青素"。虾青素其实是一种有着很强功效的抗氧化剂，是视网膜以及神经系统所不可或缺的一种元素。

我们身体想要更加健康，就要在一定程度上保持营养的均衡，很多矿物质也是身体所必需的，比如说钙元素、镁元素、维生素 A、维生素 E 等，这些也都是三文鱼所富含的。此外，三文鱼里面有蛋白质和很多矿物质元素，可以在一定程度上维持我们身体中的营养元素平衡，在一定程度上提高免疫力。

作为鱼类里的佼佼者，平日里可以适当地食用三文鱼。说到三文鱼的吃法，除了三文鱼刺身以外还可以制作香煎三文鱼。按照自己的口味儿，用黑胡椒、黄油和适当的食盐制作这道美食，简单又美味。

整条三文鱼可以分为肚腩、腹部、背部、鱼尾及鱼头、鱼皮、鱼骨等下脚料的部分，其中肚腩和腹部适合吃刺身，背部更适合做熟吃，鱼皮最好的吃法就是凉拌。鱼头不能生吃，最好用来煮汤。鱼骨可以腌渍后再裹上鸡蛋液和生粉油炸着吃。

肚腩是三文鱼最肥嫩香润的地方，尤其是肚腩，由于脂肪含量高，因此吃起来口感极好。腹部次之。

背部和腹部在很多日料店，其实都会不知不觉地被用来生吃，但是背部更适合加些盐和黑胡椒腌渍一下煎熟吃，别忘了淋上柠檬汁。

尾部最合适的做法是做寿司或者烤三文鱼，尾部的肉没有太多水分，且脂肪含量也不高，口感一般，这样做能掩盖其缺点。

——文字来源于网络资料

第四节　电竞主播

自 2017 年起，电子竞技产业发展突飞猛进。各大企业的纷纷加盟，令其商业价值日益增长，态势迅猛。早在 2003 年，电子竞技已成为正式的体育竞赛运动项目，也吸引了大量专业和职业人才竞相加入，电竞主播呈多样化和年轻化的特点。

电竞，是电子竞技的简称，指多人使用电子设备进行电子游戏，在同一对抗性规则下，以分出胜负、磨炼意志、提高水平为目的的游戏活动。其中，电子设备包括手机、电脑等，电子游戏类别包括动作类、冒险类、模拟类、角色扮演类、休闲类等。竞技结果的呈现形式包括胜负、排名等。

对电子竞技项目的理解一直有所争议。有些学者认为电子竞技不能作为一项体育运动，它不符合奥林匹克精神，甚至可能削弱人们在体育运动中的主体性，并且过度的技术扩张会降低人的身体能力，甚至导致主体性运动的消亡。而今，电竞赛制、电竞直播已经成为一项深受年轻人喜爱的竞技娱乐项目，收获粉丝无数，带来了庞大的经济效益和巨大的社会影响力，不得不引起我们的重视。

本节重点探讨主播在电竞直播中的人声创作技巧。

一、"解说"与"对象"

电竞主播，往往担任电子竞技比赛的解说任务。解说，是电竞主播常用的人声创作样式。电竞解说，要能抓住比赛中精彩的战术和技巧，进行描述和阐释，做到通俗易懂。优秀的电竞主播，能够成为电竞比赛极具吸引力的一部分。

电竞主播要时时刻刻心怀解说"对象"，要带着对象感进行解说。"所谓对象感，就是播音员主持人必须设想和感觉到对象的存在和对象的反应，必须从感觉上意识到受众的心理——要求、愿望、情绪等，并由此而调动自己的思想感情，使之处于运动状态。"[1] 在解说过程中，解说员不能只以自身为中心去判断该说什么、怎么去说，而是应该思考观众希望听到什么、观众哪里不懂。

很多观众可能是业余爱好者，对于赛事的了解不多。而越精彩的比赛，其中运用的战术和技巧就可能越复杂难懂。观众对于赛事的一知半解，很可能使其失去观看热情。因此，复杂的比赛规则、专业的比赛技能、精彩的竞技细节，都需要电竞解说员用语言来阐释。

电竞主播，是电竞直播中的解说员，也是体育解说行业的一种新类别。在电竞直播过程中，主播的解说往往贯穿于电竞比赛的始终，伴随观众整场比赛的观看。因此，如何提升表达质量，避免被观众认为是观看比赛过程中的"噪音"，是电竞主播需要深入思考的问题。

（一）理解电竞机制

电竞直播的游戏项目种类繁多，不同类型电竞项目的赛制与规则不尽相同。电竞主播要做好赛事功课，涉猎各类游戏的规则与机制。竞技机制

---

① 中国传媒大学播音主持艺术学院．播音主持创作基础［M］．北京：中国传媒大学出版社，2015：109.

包括游戏的玩法、规则等。同一项游戏的规则可能因为比赛举办方所制订的规则而产生变化，比如增加、减少、修改游戏环节等。电竞主播应对各类游戏机制有基本了解，熟悉不同种类游戏的形式和流程，对主流游戏要有深入的理解和丰富的经验，避免在电竞直播中出现低级错误。

（二）熟悉游戏内容

新颖、有创意的内容，是一款游戏的噱头和卖点。每款游戏的内容都是不尽相同的，即使是同类游戏，其角色名称、道具名称、技能名称等都可能不一样。这需要电竞主播了解和熟悉具体的游戏内容，如游戏内容原有的称呼和术语、玩家对游戏内容的称呼和改编叫法等。一些游戏术语是游戏受众之间约定俗成的叫法，这些特别的术语的运用使解说内容更加通俗易懂，观众更易与游戏产生亲近感。

（三）了解参赛选手

电竞直播要求主播对参赛选手有较详细的了解，包括队伍名称、选手名称、选手特征等。电竞主播要从赛前、赛中、赛后，不断认识和刷新对选手的了解和评价。由于游戏的版本迭代，很多内容都会更新，部分游戏参数也会调整，选手、队伍都有可能随时改变游戏打法。电竞主播需要对选手有动态的认识，这样才能在解说过程中根据不同选手的能力、打法、习惯来进行清晰且深刻的解说。

此外，由于饭圈①文化的影响，部分电竞观众会先入为主地支持自己的偶像及其所在队伍，通过制作荧光屏、携带荧光棒等方式为喜爱的选手和队伍应援，若赛场上双方队伍产生摩擦，会出现观众欢呼或喝倒彩的情况。电竞主播也要了解选手粉丝团的情况，为有可能出现的突发状况制作预案，避免场面的尴尬和失控。

二、"速度"与"节奏"

电竞主播的解说贯穿于一场电竞直播的始终，不仅考验主播长时间用

---

① 饭圈：网络用语，指粉丝圈子。

声的持久力，而且对主播用声的节奏提出了较高的要求。

（一）语言速度与反应速度

电竞主播的发声速度主要体现在两个方面，即语言速度和反应速度。

1. 语言速度

电竞主播的语言速度，主要受吐字快慢和吐字间隔长短的影响，要做到快而不乱、快而清晰。生活中，我们常常因为某些人说话太快而听不清楚内容，其实原因不是他"说话快"，而是因为他说得"不清楚"。

表述清楚是语速快的前提和标准。我们看到，央视《新闻联播》主播的播报，不仅内容清楚、语气到位、态度鲜明，而且播报新闻的语速也是非常快的。普通人说话的语速是每分钟240字左右，而《新闻联播》主播的播报语速是每分钟290～300字。然而，从观众的角度来说，似乎从未觉得《新闻联播》主播的语速很快。这是因为，《新闻联播》主播具备很强的吐字发声基本功，虽然每个字音的间隔时间缩短，但吐字归音是清晰完整的，从音节到停顿没有丝毫的局促感。

因此，电竞主播想要提升语言速度，就需要训练唇舌等发音器官的吐字力度，多做弹舌、饶舌、撮唇等口部训练操，避免在电竞直播中出现嘴皮子"拌蒜"、拖沓不利索的情况。

2. 反应速度

主播的反应时间，是指从观看到思考再到解说的这一过程的时间。电竞主播要有灵活机智的头脑，能够快速生成解说词，尤其在突发情况下，能够迅速获取信息、解析信息、输出信息。

在网络电竞直播中，如果主播的反应速度太慢，则可能出现解说滞后、拖沓的情况。电子竞技的过程和结果是充满未知的，比赛的过程和结果会受到选手的失误、超常发挥、攻守矛盾等各种因素影响。因此，需要电竞主播在快速反应的同时，能够根据赛事进展进行即兴点评。

同时，电竞主播要有预判赛事走向的能力。由于电竞赛事的情况瞬息万变，比赛选手（角色）间的冲突时有发生，且有同一时间不同场景的多个冲突同时出现的情况，这就需要电竞主播具备一心多用和迅速反应的能力，在最短时间内对矛盾冲突进行讲解。

（二）节奏与风格类型

节奏，存在于自然界和社会生活的方方面面，而艺术创作也与节奏的变化息息相关。"艺术节奏，是指在艺术作品中，各种对比成分和变化因素连续不断地交替所构成的一种有规律的完整有序的运动形式。""巧妙地运用和创作艺术节奏，会带来引人入胜而又耐人寻味的美感，从而吸引着人们探寻其内容和情感、气韵和意味。"① 在播音主持创作基础上，把播音节奏分为轻快型、凝重型、低沉型、高亢型、舒缓型、紧张型六种。这样的语言表达节奏在电竞直播中也有所运用。我们可以把电竞直播的节奏和风格分为激情型、冷静型、娱乐型三种。

1. 激情型

1995 年，央视著名体育节目主持人宋世雄以其充满激情和能量的解说，被美国体育广播者协会评为 1995 年度最佳国际体育节目主持人。宋世雄明亮透彻的嗓音、吐字如飞的语速、激昂充沛的状态，给无数观众留下了深刻印象。像宋世雄这样善于渲染比赛热烈紧张氛围、调动观众情绪的解说，就是激情型解说风格的代表。被称为"电竞诗人"的王多多在一场比赛中用 43 秒说了 283 字，相当于每分钟语速达到了 395字。高频的语速实现了信息的迅速输出，烘托了电竞比赛的紧张感。当他说出"犹如天上降魔主，真是人间太岁神"一句时，将全场气氛推向了最高潮。

2. 冷静型

足球评论员张路凭借在足球理论方面的扎实基础和足球赛事解说上的丰富经验，以冷静理性的风格进行赛事解说。他以战术、打法解析为特色，评讲相关的足球知识，再融入局势预测，堪称冷静型解说风格的代表。卞正伟曾是一名优秀的电子竞技职业选手，现在是一名电竞主播，他凭借一名队员的落点位置和行进方向便推测出整支队伍在前期的策略打法，冷静与理性的解说风格受到众多网友的青睐。

---

① 中国传媒大学播音主持艺术学院. 播音主持创作基础［M］. 北京：中国传媒大学出版社，2015：204.

3. 娱乐型

轻松幽默的语言风格是比较受欢迎的表达方式。央视体育频道《天下足球》的解说员王涛转战《实况足球》后，实现了从传统体育竞技解说到电竞解说的跨界，以幽默风趣的语言吸引了无数玩家和观众。还有专业电竞主播是以组合形式出现的，在紧张激烈的解说过程中，常常用相声抖包袱的方式制造笑点、调节气氛。

此外，电竞主播要懂得运用留白技巧，在赛程的关键节点进行重点解说，不该说话的时候保持安静，把更多的现场画面留给受众自行赏析。这也是电竞主播在人声创作过程中控制节奏的方法之一。

三、"控制"与"判断"

无论是在广播电视还是在网络节目中，往往会对大型赛事活动进行直播，以获得逼真翔实、新鲜生动、振奋热烈的效果。电竞直播更是如此。电竞直播对于主播的最大挑战，是不可预知的突发状况，需要网络主播具备一定的现场控制力和敏锐果决的判断力。

（一）控制

一名合格的电竞主播应具备一定的现场控制能力，懂得如何控制场面和克制表达。在电视综艺娱乐节目中，主持人的"控场通常分为常规控场和应变控场"。"常规控场一般是指主持人在演播现场的即兴发挥能力，其特点是'既定中的即兴'"，而"应变控场一般是指主持人在演播现场的随机应变能力，其特点是'不测中的应变'"。[1]

电竞主播应具有一定的全局观，能多角度、多层次地理解并分析矛盾冲突，控制好自身情绪，理性冷静地处理比赛中的突发状况，避免出现因情绪失控而导致的音色突变、语气不佳等情况。从赛程上来说，越靠后的比赛越激烈、越有看点，同时也需要电竞主播花更多的精力去分析和阐释。电竞主播要合理分配精力，保持良好的精神状态和声音状态，以适应

---

[1] 中国传媒大学播音主持艺术学院. 电视节目播音主持 [M]. 北京：中国传媒大学出版社，2015：216-217.

长时间的赛程直播。

（二）判断

电竞主播需要具备敏锐的判断力，对自身能力和赛事进展都有一定的掌握，做到心中有数，果断迅速地分析赛况。一方面，电竞主播要进行自我评估和自我判断，不断提升自身职业素养，减少解说的失误；另一方面，电竞主播要有果断分析、判断赛况的能力，对于同一时间发生的多个赛事矛盾点，能快速判断其紧要程度，迅速做出取舍或确定解说的先后顺序。

此外，电竞主播要具备良好的心理素质和团队配合精神。一方面，一些电竞比赛持续天数多、时间长，高强度的赛制节奏需要电竞主播具备稳定强大的心理素质；另一方面，不同类型比赛的解说人数也不同，小型比赛一般为单人解说，而大型比赛可能由多位主播共同解说，需要电竞主播具有一定的团队协调和配合能力。

【主播训练】

训练提示：请以下列足球解说台词片段为范例，自选一项电竞游戏，做一段网络电竞直播解说。

这是牵动人心的 45 分钟。在这场比赛之后，总有一支球迷热爱的球队要离开，而这场比赛本身，将成为我们记忆中的永恒财富。等我们老去的时候，在壁炉边抱着自己的孙子，一定会跟他们讲起 2010 年，讲起今晚的"英德大战"。

我们想想吧，此时此刻，在柏林，在慕尼黑，在纽伦堡，在科隆大教堂，肯定有无数的德国球迷为之欢欣鼓舞；而在伦敦，在利物浦，在曼彻斯特，在泰晤士河边的小酒馆，也有无数的英格兰球迷为之黯然神伤。不过，让我的内心感到无比欣慰的是，在生命中如此有意义的时间节点，在今天晚上，电视机前的亿万球迷我们能够一起来经历，共同分享。这是我的幸福，也是大家的幸福。

足球就是如此，一方的欢喜衬托着另一方的忧伤。人类的极端情感，在这一刻得到充分体现和释放。这就是足球,这也是我们如此深爱着足球这项运动的原因。

球员有自己的生活,每个观众也有自己的生活,当大家的生活交汇在这一刻,就形成了历史的节点。在这里,我们既是别人眼中的风景,别人也成为我们眼中的风景。

…………

本来荷兰队在几十秒之前有可能是2:3落后的,现在他们3:2领先了!真是一秒钟从地狱到天堂!如果你在鸿门宴上心慈手软的话,对方还你一个四面楚歌、乌江自刎,这样的例子太多了!"德派"这名字就像是一个快递公司一样,德派就是一个快递员,无论刮风下雨都要坚持把快递送到。

足球与其他很多运动不同的地方在于,中途没有暂停。人生也是如此,如果你在人生中遇到了困难,日子是不会停下来让你处理的,接下来的生活还在继续,你必须在面对新的困难的同时来解决上一个困难,你必须在面对下一个挑战的时候来解决上一个错误。

足球是爱,而不是恨。支持你所喜欢的队伍,无论他在高峰还是低谷;欣赏你强大的对手,你正是因为他的存在而更强。这就是足球教给我们最大的哲理。

…………

吉鲁!这是法国队在参加世界杯正赛的第100个进球!吉鲁知道自己会是写进历史的那个人!吉鲁知道自己将会是写进历史的一个人。世界杯第一个进球也是由一个法国人打进的,1930年法国队3:0战胜墨西哥,当时法国人只是站在一起庆祝了一下,他们都没有太在意。你在创造纪录的当时,可能没有觉得多么重要,多年之后你才会发现你当时是多么的伟大。

——足球解说员贺炜

第五节　演唱主播

每个人从出生开始，就生活在两个声音系统里，一个是言语系统，一个是音乐系统，这两个声音系统的侧重点是不同的。言语声音系统主要侧重元音、辅音等，而音乐声音系统主要侧重音高、节奏、旋律等。挖掘和培养良好的乐感，有助于艺术气质的塑造和审美力与鉴赏力的提升。高质量的声乐演唱活动，有利于人们保持积极乐观的心态和健康的体魄，也更能激发人们对于音乐艺术的热情和对生活的热爱。

声乐演唱不应该只是科班出身歌手和专业艺人的独门技艺，无论是网络直播演唱者，还是广大音乐爱好者，都可以用科学有效的发声技能提升自己的演唱能力。演唱发声技能应是音乐爱好者的必备素质，用嘹亮悦耳的歌喉传递音乐之美，是很多人的愿望。理解和掌握一些关键的声乐发声技巧，会大大提升音乐爱好者的演唱能力。演唱发声技能亟待推广和普及。

网络直播中的演唱者，往往并不是音乐专业出身，可能是出于个人兴趣爱好和艺术特长，演唱水平和效果参差迥异。而今，越来越多的人通过网络直播等形式进行演唱，为了博眼球、赚流量，不惜求新奇、求怪异，将糟粕视为个性，着实堪忧。网络演唱者的演唱水平和审美能力亟待提升。

在网络演唱直播中，既有现场演唱表演，又有演唱教学等形式。本节探讨网络演唱直播中的发声要求和技巧。

一、音色与唱法

和谐悦耳的音律往往会使人产生强烈的愉悦感受，而刺耳沙哑的噪音往往会使人感到不适，这是人类对于音乐美感的共同追求。无论是否专业，演唱者都应该具备悦耳、悦心的音色。音色的悦耳，是指演唱者的音色明亮圆润，厚实有质感，自然通达；音色的悦心，是指演唱者的声音以乐音成分为主，能给人以愉悦之感。

在网络演唱直播中，主播的歌声并不全是悦耳动听的，一些沙哑、干枯、发虚、颤抖、过白、压喉、鼻音过重等音色屡见不鲜。而这些错误的演唱发声反而成了观众的关注点，不仅降低了观众的音乐审美感受力，还会严重损伤演唱者的发声器官。

（一）通俗唱法的音色

在网络演唱直播中，通俗唱法是较受欢迎的一种演唱方式。通俗唱法追求艺术的生活化和个性化，声音自然，气息顺畅，语调亲切，歌词口语化。通俗歌手应根据自身的嗓音特征、生理条件和个性来明确适合自己的演唱方式，并且力求形成有别于他人的、独特的演唱风格。演唱者要科学用声，不可"削足适履"人为挤压嗓子，也要尽量避免刻意模仿、矫揉造作、假情假意、装腔作势的演唱。

1. 气息向下

气息是演唱者需要解决的首要问题。从生理上讲，演唱时伴随着呼气，吸入的空气从肺部通过气管向上冲击声带振动进而产生声波，这时气息的走势是自下而上的。但是我们在演唱时，要时刻牢记自己的气息一直是向下走的，气息越深越沉则越好，这是我们演唱时应有的"心理感觉"。这就是人声创作的特殊性所在，即人的心理感觉可能会出现与生理现象完全相反的感受。这也是声乐演唱中的"反向联想"原理，如果演唱者觉得自己的气息是向上走的，那么很可能气息是漂浮而没有根基的。因此，声音创作者需要熟悉正确运用气息时的心理感觉，在意念上建立气息在体内的"行走"路线。

2. 声音向后

演唱时声音向后"行走"也是对演唱者心理和意念的要求。从生理上讲，由声带振动产生的声波经过胸腔共鸣、口腔共鸣、鼻腔共鸣和头腔共鸣后向上向前发出。但是为了避免挤压喉部，应尽量放松喉头、打开喉咙，演唱者要时刻保持声音向后走的感觉。

3. 打开喉咙

对于通俗歌手来说，打开喉咙并不只是为了增强共鸣和提高音量，更重要的是为了避免"共鸣腔体的阻塞"，尤其是高声区的演唱。因为在通俗唱法中，高喉位是被允许的，高声区的高喉位更为常见，而高喉位很容易造成共鸣腔体的阻塞。只有保持喉咙打开的状态，才能确保共鸣通道的顺畅发声。

4. 真声为主

演唱时以真声为主，并不是说通俗演唱都要用纯真声，甚至"大白嗓儿"。在通俗唱法中，真声的运用占主要部分，通俗歌手要熟练运用真声成分较多的混声音色来演唱。尤其是高声区的处理，真假声的转换要自然无痕，高音部分的混声也要真声成分多一些，保证低声区与高声区音色的统一和谐。

5. 吐字清晰

吐字清晰是通俗唱法最重要的特征之一。中国的通俗歌曲中，普通话为通俗唱法的主流。普通话歌曲的演唱，语音大多比较规范，讲究"出字、归韵、收声"的咬字吐字过程，字字清晰、质朴无华。粤语歌曲的演唱，则应有浓烈的南国风味。也有一些歌手用普通话演唱粤语歌曲，但由于语言表达习惯不同，字音规律差别甚大，因而难以达到粤语演唱的效果。

6. 个性迥异

在网络演唱直播中，有沙哑腔、喊声唱法、甜美风、深情风、说唱风等。脍炙人口的经典歌曲，家喻户晓的通俗歌手，都有属于自身的演唱风格和鲜明的辨识度。因此，在处理好演唱发声问题的基础上，网络直播歌手要对自身声音特质和生理特征有清晰的认识，努力追求独一无二的演唱风格，实现百花齐放、百鸟争鸣。

（二）戏曲演唱的音色——夹板音

在网络演唱直播教学中，有一些戏曲演唱主播深受网友喜爱。我国传统戏曲大多具有唱腔偏高的特点，而从事演唱的男性表演者经历变声期之后，童声消失，声带变厚，音色变得低沉厚重。因此，男性表演者更多需要采用"假声"演唱高音部分。随着时代的发展，女性表演者渐渐占据舞台的重心，女角在演出中的分量加重，唱腔唱调也随之改变。当时的戏曲表演要求男演员和女演员"同板同调"，男演员被迫拼命地拔高嗓音，导致一些戏曲演员出现"倒呛""塌衷"的情况，不得不结束自己的艺术生涯。

夹板音的出现，为演唱者处理高音问题提供了有力手段。夹板音，是指声音是从两块固定板子之间的"缝隙"里发出的。两块夹板保持对抗的状态，在一定的距离和强度之间保持声音的协调平衡。缝隙越窄，则声音越高；缝隙越宽，则声音越低。两块夹板不能接触，要时刻注意"距离产生美感"。

夹板音与我们所说的混声色彩类似，要求演唱者能熟练运用真声与假声的转换与结合，使高音、中音、低音各部分的音色统一和谐，并且始终能透出集中的"亮芯"，这是一种真中有假、假里含真、真假相随、和谐统一的音色。

夹板音的混声色彩是声带的局部振动和边缘振动相结合产生的，演唱者要了解声带缩短与变薄时的音色特征。夹板音坚持以缩短——变薄的声带进行发音演唱，能够有意识、有目的地实现声带变型，并且在各声区之间很好地建立了一个声带逐级渐变的基础，这被称作"声带变型链"。即"真声"（声带拉长，靠拢）—"准真声"（声带缩短，靠拢）—"准假声"和"准真声"成比例混合—"准假声"（声带缩短，变薄）—"假声"（声带缩短，变薄，张开）。有了良好的声带变型能力，夹板音的演唱才能明亮、结实、有力、无坎。

戏曲中夹板音的训练要求如下。

1. 建立科学的声音变型基础

声带是非常薄弱的两片肌肉组织，不能主动地过分拉伸、挤压声带。正确的方法是，不用完全的真声，也不用完全的假声。纯真声会刺耳、生硬、单一；纯假声会无力、虚弱、不真诚。只有真假声相结合的混声音色，才会给人温和、舒服、易于接受之感。

2. 建立稳健的气息支撑

在声乐训练中，常说气息是基础、喉头是关键。气息是发声的动力和源泉。根据伯努利效应，气息不间断地冲击人的声带，使声带振动进而产生喉原音。声音变型与气息控制密切相关，气息越集中，声音控制能力越强，声带变型能力就越强。

3. 借鉴戏曲中"喊腔"的练习方式

"喊腔"是中国戏曲表演中较为常用的练声方法。以喊腔的方式来说词，不仅要求表演者能字正腔圆地吐字，更需要以夸张、高调、吟诵的方式来行腔。喊腔的方式较为简便灵活，字可多可少，拖腔可长可短，音韵音高可以自由选择，不受旋律、乐句、板眼、节奏和感情变化的限制。

喊腔的练习方法可以选择韵母 e 和 u 两个音。对于声音较虚、无力，声带闭合不好而出现"漏气"现象的学生，建议使用 e 音来练习。对于声音太僵、喉头太高太紧、气息支点较高的学生，建议使用 u 音来练习。

具体方法是，从中高声区起始，在短暂的向下之后，音高迅速向上延展，进入高声区。声音向下时，喉头微微下移，引起胸腔振动共鸣；声音向上时，喉部继续放松，用哼鸣的方式和稳健的气息牵引出真假声的混合声。发 u 音更容易找到假声的状态，可以"树"字为例，练习"树根、树枝、树叶"的发音，在波峰处换第二个字，体会低声区与高声区的自如衔接，以及真假声的自如转换。

（三）演唱音色的误区

1. 发声过白

发声过白，是非专业演唱者常常出现的情况。白声，是由于演唱者不懂得正确的发声方法，在不注重气息支持、声音位置、共鸣管道和口型的情况下，用"原始"的叫喊方法进行发声演唱。白声的特点是，生硬不圆润，发散不集中，单调无变化，干枯无共鸣，刺耳无美感。

解决发声过白的问题，要求演唱者掌握科学的演唱发声方法，学会用真假声比例恰当的混合声，喉部放松，气息下沉，打开发声腔体的管道。着重练习喉部的稳定性和呼吸管道的通畅性。

2. 音高困难

音高困难，常常会困扰和限制很多演唱者。解决音高困难、音域较窄的问题，要从两个方面入手。

一方面，要充分打开喉咙。压喉，是颈肌与咽肌连带处的肌肉拉紧及舌骨向后，造成挤喉、卡喉、撑喉等不科学的喉部状态进而发出的声音。

压喉的音色特点是，生硬僵紧，笨重沉闷，吐字不清，音高困难。打开喉咙的办法是，放松舌根、下巴、颈部、胸部，感受这几个部位略微向下移，使喉部有自然打开、放松的感觉。可以通过无声开口音练习和哼鸣练习来放松开喉。另一方面，要以丹田为发力点，使气息扎实稳健，有足够的气息力度来支撑高音的发声。

3. 鼻音过重

鼻音过重，是发声时软腭和小舌的位置过低，气息直接进入鼻腔，在鼻腔肌肉紧张、不能完全敞开的状态下发出声音。在演唱中，鼻音过重会使音色沉闷、晦暗，字音含混不清，音色缺乏透亮，共鸣单调不足。

改正鼻音过重的方法是，在演唱发声时松开上下颌关节，自然张开口咽腔，放平舌体，舌尖向前靠近下齿，以打哈欠的兴奋状态提起上腭，使声音直接从口咽腔的通道向前发出，气息不要进鼻腔。

4. 声音颤抖

声音颤抖，是演唱时没有放松喉部，没有用均匀的气流冲击声带的情况下发出的声音。一些是用喉部肌肉的力量特意做出的不自然抖动的声音；一些是由于喉部肌肉劳损，声带老化或病变，致使发声机能失调而产生的声音颤抖。

避免声音颤抖，要求演唱者把握好用声的"松"与"稳"的关系，喉部肌肉要放松，丹田气要稳定扎实，均匀连贯。发声者想象自己的声音从小腹垂直向上发出，声音通道通畅开阔，松紧力度适中，音色悦耳、悦心。①

【曲目训练1：京剧《苏三起解》片段】

训练提示：请清楚准确地进行京剧念白练习，并以京剧旦角的夹板音演唱此段。

苏三离了洪洞县，将身来在大街前。

未曾开言我心内惨，过往的君子听我言。

---

① 参见李萍. 声乐理论教程［M］. 修订版. 长沙：湖南师范大学出版社，2014：72.

哪一位去往南京转，与我那三郎把信传。

就说苏三把命断，来生变犬马我当报还。

（李胜素演唱）

【曲目训练2：《我的中国心》片段】

训练提示：请清楚准确地朗读歌词，并以深沉有力的音色演唱。

河山只在我梦萦，祖国已多年未亲近。

可是不管怎样也改变不了，我的中国心。

洋装虽然穿在身，我心依然是中国心。

我的祖先早已把我的一切，烙上中国印。

长江，长城，黄山，黄河，在我心中重千斤。

无论何时，无论何地，心中一样亲。

流在心里的血，澎湃着中华的声音。

就算身在他乡也改变不了，我的中国心。

（黄霑作词，王福龄作曲）

【曲目训练3：《阳光总在风雨后》片段】

训练提示：请熟练运用通俗唱法，以甜美积极的音色进行演唱。

人生路上甜苦和喜忧，愿与你分担所有。

难免曾经跌倒和等候，要勇敢地抬头。

谁愿常躲在避风的港口，宁有波涛汹涌的自由。

愿是你心中灯塔的守候，在迷雾中让你看透。

阳光总在风雨后，乌云上有晴空。

珍惜所有的感动，每一份希望在你手中。

阳光总在风雨后，请相信有彩虹。

风风雨雨都接受，我一直会在你的左右。

（陈佳明作词作曲）

二、胸腹式呼吸法

唐代段安节《乐府杂录》有言："善歌者必先调其气。"从古至今，气息在演唱发声中的作用不可小觑。气息是发声的根基，气动则声发，气息为发声提供了充足的动力。

著名演唱家、声乐教育家金铁霖将演唱发声比作是"大马路，小汽车"。意思是，演唱发声要建立一个可容纳和呈现气息与音色的宽阔通道，而具体的咬字和演唱位置就是灵活的"小汽车"，可以自如地在声音的"大马路"上穿梭驰骋。而声音的宽阔道路，要靠顺畅扎实的气息来建立。

（一）戏曲的呼吸——丹田气

我国著名京剧表演艺术大师程砚秋先生有感，气沉丹田，头顶虚空，全凭腰转，两肩放松。在中国古典戏曲声乐中，"丹田气"的运用至关重要。什么是丹田气呢？在《抱朴子》中这样表述："上丹田在两眉之间，中丹田在心下，下丹田在脐下。"[1] 也就是说，上丹田是指两眉之间发声的共鸣点，在声乐中也叫"面罩共鸣"；中丹田是指喉头挡住气息时吐字发声的支点，要找到这个喉头向下挡气的部位，可以想象自己的喉头长在上衣第三个纽扣处，即"心下"的位置；下丹田在肚脐下三指宽度的位置，即中医所说的气海穴（肚脐下1寸半）与关之穴（肚脐下3寸）之间。演唱时运用的丹田气指的是下丹田，这里的腹部收缩能使吸气更强、更持久。

丹田气不仅在我国传统戏曲演唱中运用已久，而且也成为现今声乐演唱和言语发声的动力与源泉。第一，丹田气的运用能让演唱者时刻保持气息深沉的意念，即"意守丹田"，一刻也不能松懈。第二，强身健体，加强腹部肌肉的力量性训练。增强腹部吸气肌肉群的弹性和压力，从而提高呼气的力量和弹性，使气息的支点（意守的丹田）处于动态的平衡状态，这种平衡状态能让演唱者找到稳定的气息支点。第三，小腹寻找"肚子疼"或"挤牙膏"的感觉，训练小腹的气息控制力。戏曲演员会在腰部扎

---

① 葛洪. 抱朴子内篇 卷十八 [M]. 北京：中华书局，1985：323.

一条丝带帮助挺胸、收腹和张开两肋，从而使呼吸顺畅。

（二）演唱的呼吸——胸腹式呼吸法

每个人无时无刻不在自然呼吸，这种呼吸是无意识的活动。自然呼吸的状态较为放松，呼吸频率较快，一般不受人的意志控制。演唱呼吸则不同，需要演唱者有意识地控制气息，使气息能够做到快吸慢呼，持久稳定。

发声的呼吸方式主要有三种，即腹式呼吸、胸式呼吸和胸腹式呼吸。由于腹式呼吸和胸式呼吸具有气息过深或过浅的缺陷，演唱发声中不单独采用。而胸腹式呼吸可以中和前两者的优点，适用于演唱用声。

在第二章我们讲到了言语发声中的胸腹联合式呼吸，而这里讲到的演唱中的胸腹式呼吸与言语发声呼吸原理（请参照第二章第二节）相似，但二者在强度和运用方法上有所差异。演唱中的胸腹式呼吸，要求的进气量更大，吸气速度更快，小腹力量更扎实，气息支撑更持久。

演唱中的胸腹式呼吸，可以形成对气息运动的强大而灵活的控制能力，能确保声带、喉部、咽腔、口舌、下巴等发音器官始终处于自由灵活、协调统一的运动状态，使声音畅通无阻，高低强弱变化自如。

（三）胸腹式呼吸技巧

与言语发声的呼吸方式不同，演唱时的呼吸分为吸气、持气和呼气三个阶段。

1. 吸气

演唱时不需要用口鼻特地猛吸一口气，以免呼吸声过大，只需要打开两肋扩展胸腔，空气便会无声地流入肺部，进气自如无声。注意避免一口气吸得过满，导致演唱时有憋闷感。也就是说，并不是一口气吸得越多越好，而是要根据演唱的需求灵活调节。

叹气式吸气，是效果较好的气息训练方式。当气息随着叹气的动作被排出喉部，吸气肌肉群会立即开始自动进气。此时演唱者应只想着"叹气"而不是"吸气"，力求一种自动循环的过程，叹气到哪里，吸气就到哪里。也就是说，在开口演唱之前要尽量将气息吐完，当气被自然吸入后就开始演唱。换气气口要合理，换气动作要自然。在演唱中也要保持叹气的感觉，形成良好的呼吸循环，这样才能做到气沉丹田、扎实顺畅。

2. 持气

在吸气之后，演唱者要保证气息能较持久地运用于演唱，这需要掌握保持气息的能力。达到保持气息的状态，有两种练习方式。

一是咝音练习。吸气后舌尖轻抵下门齿，发出"咝"的延长音，注意气息的持久均匀，不可忽强忽弱。体会呼气与吸气的对抗力量，保持气息的持久性。

二是吹蜡烛练习。将一根蜡烛点燃置于面前，用轻柔均匀的气流将火苗吹向一个方向，火苗要平稳，摆动幅度不大，注意不能将蜡烛吹灭。直到感觉后腰和腹部略有酸痛，则是找到了呼气时小腹与后腰的对抗力量。

3. 呼气

呼气与持气是同时进行的，而呼气过程伴随着演唱始终。我们要掌握基本的呼气练习方法。

一是哼鸣练习。发 m 的延长音，双唇自然闭上，发音位置较高，让声音扩散到额窦、鼻窦、鼻甲骨等处，也就是分散在整个面颊，体会气流引起的振动。

二是音阶练习。练习跳跃音程的上行和下行音阶。要做到起音柔和，每个音都要清晰准确；气息平稳有力，音高越高气力越大，口腔开度也随之增大；音程跳跃要连贯统一，尽量做到上行与下行相统一的声音效果。

注意高低音的"反向法则"，即唱中高音时努力保持中低音共鸣，唱低音时努力发展中高音共鸣，从而得到上下贯通的整体共鸣效果。音节练习熟练后，可以延长高音，并在高音上做渐强或渐弱的变化。[1]

（四）演唱呼吸的运用

1. 呼吸设计

一首歌曲的演唱创作，要整体把握歌曲的情感内涵，对歌曲有具体的气息处理设计。依据歌曲的旋律走势、前奏与高潮的布局等因素，确定演

---

[1] 参见李萍. 声乐理论教程［M］. 修订版. 长沙：湖南师范大学出版社，2014：13.

唱中哪里气息较强，哪里气息较弱，哪里气息较为急促，哪里换气，哪里一气呵成。

一般来讲，歌曲的开始、结束以及每一乐句、乐段的处理都很重要。每一乐句和乐段的开始都要明朗清晰地展现给听众，给人以较好的听觉感受。可以从强弱和节奏两方面来处理不同乐句的起始。强弱上，有特强（ff）、强（f）、中强（mf）、中弱（mp）、弱（p）、很弱（pp）等。节奏上，可以附点音符、切分音符、八分音符、十六分音符等开始。演唱者要以歌曲的思想感情为灵魂，结合乐曲的强弱和节奏，做好气息的准备和控制。

2. 气口

一个乐句，有时需要一气呵成，有时则需要分成两句来演唱。这就需要演唱者明确歌曲中的句读与句结。句读，俗称"断句"，是文言文中休止、行气和停顿的地方。韩愈《师说》有言："句读之不知，惑之不解，或师焉，或不焉。"句结，顾名思义，是指乐句或乐段结束的地方。

在演唱中，句读和句结是演唱者换气的地方，也是演唱的"气口"。在乐谱中，气口可以用"∨"来标记，无论演唱者的气息是否用完，都要按照标记的气口位置换气。

3. "偷气"与"抢气"

在演唱中，常常会遇到较长的乐句，一口气演唱结束气息完全不够用，这时就需要合理的"偷气"和"抢气"。这时换气要快速短暂，让人几乎听不出停断。偷气是指无声快速的换气，而抢气是指有声快速的换气。换气的位置，一般可以在附点之前、弱拍之后、切分音中间、延长号处、连线终了时，以及较大的音程跳跃之间。

4. 气息力度

演唱时，气息的力度对音色有着重要的影响。一般而言，表现欢快明朗的情绪，演唱气息力度不大，呼吸肌肉要灵活有弹性，气息敏捷稍快；表现愤怒仇恨的情绪，演唱气息力度较大，呼吸肌肉稳健有力，气息沉缓厚实。演唱者要能灵活控制和运用气息力度，使气息与共鸣协调配合，从而准确体现符合歌曲情感的音色。

【曲目训练 4：《故乡的云》片段】

训练提示：请带着对故乡深切的思念之情，运用扎实稳健的胸腹式呼吸演唱。

天边飘过故乡的云，它不停地向我召唤。

当身边的微风轻轻吹起，有个声音在对我呼唤：

归来吧，归来哟，浪迹天涯的游子；

归来吧，归来哟，别再四处漂泊。

踏着沉重的脚步，归乡路是那么的漫长。

当身边的微风轻轻吹起，吹来故乡泥土的芬芳。

归来吧，归来哟，浪迹天涯的游子。

归来吧，归来哟，我已厌倦漂泊。

我已是满怀疲惫，眼里是酸楚的泪。

那故乡的风和故乡的云，为我抹去创痕。

我曾经豪情万丈，归来却空空的行囊。

那故乡的风和故乡的云，为我抚平创伤。

（小轩作词，谭健常作曲）

【曲目训练 5：《让世界充满爱》片段】

训练提示：请以单纯明朗的音色，运用扎实有力的胸腹式呼吸演唱，注意进行适当的气息处理。

轻轻地捧着你的脸，为你把眼泪擦干。

这颗心永远属于你，告诉我不再孤单。

深深地凝望你的眼，不需要更多的语言。

紧紧地握住你的手，这温暖依旧未改变。

我们同欢乐，我们同忍受，我们怀着同样的期待。

我们同风雨，我们共追求，我们珍存同一样的爱。

无论你我可曾相识，无论在眼前在天边，

真心地为你祝愿，祝愿你幸福平安。

（陈哲、刘小林等作词，郭峰作曲）

【曲目训练6：《光阴的故事》片段】

训练提示：请合理分析歌曲中长句子换气的处理方式，结合胸腹式呼吸进行演唱。

　　春天的花开秋天的风以及冬天的落阳，
　　忧郁的青春年少的我曾经无知地这么想。
　　风车在四季轮回的歌里它天天地流转，
　　风花雪月的诗句里我在年年的成长。
　　流水它带走光阴的故事改变了一个人，
　　就在那多愁善感而初次等待的青春。
　　发黄的相片古老的信以及褪色的圣诞卡，
　　年轻时为你写的歌恐怕你早已忘了吧。
　　过去的誓言就像那课本里缤纷的书签，
　　刻画着多少美丽的诗可是终究是一阵烟。
　　流水它带走光阴的故事改变了两个人，
　　就在那多愁善感而初次流泪的青春。
　　遥远的路程昨日的梦以及远去的笑声，
　　再次的见面我们又历经了多少的路程。
　　不再是旧日熟悉的我有着旧日狂热的梦，
　　也不是旧日熟悉的你有着依然的笑容。
　　流水它带走光阴的故事改变了我们，
　　就在那多愁善感而初次回忆的青春。

（罗大佑作词作曲）

三、演唱共鸣技法

　　我们知道，声带振动发出的喉原音是非常微弱单薄的，这时就需要依靠共鸣器官的作用使喉原音变得悦耳动听。就好像军号一样，号声之所以明朗饱满，是军号喇叭的共鸣作用，如果去掉喇叭而单吹号嘴，则声音很弱、很单薄。人声的共鸣腔体就像军号的喇叭，对发声起到了共鸣的作用。①

演唱共鸣，是演唱创作不可或缺的重要组成部分，它关系着演唱中音色的优劣、字音的清浊、音量的大小，以及情感的表达是否恰当。在网络直播等演唱中，演唱者需要创造和谐舒适的演唱共鸣，给受众带来良好的听觉感受。

与言语发声不同的是，演唱共鸣分为胸腔共鸣、口腔共鸣、咽腔共鸣和头腔共鸣。演唱中的共鸣并不是单一使用的，而是根据演唱需要进行不同配比的混合共鸣。如何获取这四种共鸣方式，并在演唱中协调配合，形成和谐统一的混合共鸣效果，是我们学习的重点。

（一）演唱共鸣的技巧

1. 胸腔共鸣技巧

胸腔位于声带以下胸部肋骨内部，包括气管、支气管和整个肺部。声带发出的低频率音波，可以传到胸腔中，引起胸腔共鸣。胸腔共鸣时，胸部有明显的振动，发出宽广浑厚的音色，表现深沉庄重的情感。一般来说，中低音和男高音在演唱中胸腔共鸣色彩较重。

胸腔是不可调节的共鸣腔体，因此需要通过调节其他发声器官来改善胸腔共鸣的效果。

（1）喉头低而稳定。

演唱发声时，喉头的位置要保持低而稳定的状态，使声带振动发出的喉原音距离胸腔较近，利于声音向下传导，从而在胸部形成鲜明集中的低位发声点，获取丰富的胸腔共鸣。

（2）低位向下发声。

演唱者应树立主动使声音向下传导的意识，体会声音从锁骨中间发出的位置。低位向下发声，有利于取得胸腔共鸣的美化和扩大，也有利于找到正确的气息位置。

（3）喉部开放畅通。

喉部是连接胸腔与头腔、口腔的通道阀门。演唱发声时，喉部要始终

---

① 参见李萍. 声乐理论教程［M］. 修订版. 长沙：湖南师范大学出版社，2014：26.

保持开放通畅的状态，这样才能使各个共鸣腔体相互连接，形成统一的发声腔体。当声带振动产生的低频声波向下传导，通过喉部进入胸腔时，则产生了胸腔共鸣的效果。

（4）适度扩胸收腹。

演唱者要保持正确的发声体态，挺拔的身姿，适度的扩胸和收腹，这有利于扩大胸腔容积，从而获得更为丰富的胸腔共鸣。

2. 咽腔共鸣技巧

咽腔位于喉部上方，是连接头腔、口腔、胸腔的通道，是上部共鸣和下部共鸣的连接处，也是各共鸣声音的传递通道。咽腔是可变腔体，演唱者可以用打哈欠、挺软腭、拉紧后咽壁等方式来使咽腔处于扩张状态。咽腔的不同形状，可以发出不同强度和不同色彩的声音。

（1）喉部打开。

喉部打开，是指演唱时打开喉咽腔和口咽腔，使喉头保持较低的位置，使咽喉形状自然向下拉长，增加咽腔管道的长度，从而有利于喉部管道产生共鸣。在气息的支持下，由最下方声带产生的声音，在共鸣管内才能获得最大的共鸣。[①]

（2）软腭抬起。

软腭抬起，上下颌打开，可以使口咽腔向上扩张，增加了上方的空间，也与鼻腔产生了连接和贯通。演唱者可以用打哈欠的动作来体会软腭抬起的感觉，同时打开颌关节，放松下颌，时刻保持下巴松弛的状态，不着力也不着意。下颌放松，不仅有利于口腔空间的扩展，而且有助于保持喉部在低位置上的稳定和开放状态。

（3）鼻咽腔通畅。

与言语发声不同，演唱时的鼻腔空间要比说话时大得多，也就是说，演唱时要保持鼻咽腔的打开和通畅状态。只有鼻咽腔通畅，才能使鼻咽腔、口咽腔、喉咽腔连成完整的咽腔共鸣体，从而确保口腔共鸣、咽腔共鸣向头腔的传递，才能获得一定的头腔共鸣。演唱者可以用打喷嚏的动作

---

① 参见李萍. 声乐理论教程［M］. 修订版. 长沙：湖南师范大学出版社，2014：29.

来找到鼻咽腔通畅打开的状态。

（4）后咽壁坚挺。

共鸣腔体内表面的软硬程度对共鸣的音色有着一定影响。共鸣腔体较软，高频泛音较少，音色往往圆润柔美；共鸣腔体较硬，高频泛音较多，音色往往响亮华丽。陶笛与唢呐的不同音色就是如此，陶土烧制的陶笛音色温润柔美，铜管制成的唢呐音色雄壮嘹亮。

人体的后咽壁由肌肉和黏膜组成，材质比较软。因此，只有保持后咽壁的坚挺，打开咽腔，才能获得良好的咽腔共鸣，从而获得明亮丰富的声音色彩。

3. 口腔共鸣技巧

口腔是言语发声中重要的吐字和共鸣器官，而它在演唱中的共鸣作用也是十分重要的。口腔是可调节共鸣腔体，口腔形状不同，发出的字音和音色也不同。演唱时的口腔状态，是建立在言语发声中正确的吐字归音基础之上的。与言语发声不同的是，演唱时的口腔开合度会依据演唱需要进行灵活调整，可大可小。同时，演唱发声的口腔位置往往较为靠后，以便于口腔共鸣与咽腔共鸣的连接和配合。演唱者要避免口腔位置过于靠前、后声腔打不开等情况。

以 a 的发音为例，演唱时要保持 a 音在口腔靠后的位置发声，口腔后部要充分打开，软腭上抬，上下颌打开，体会口腔后部和咽部空间的扩张。同时，口腔上下竖起张开，与咽腔配合，形成统一的共鸣腔体。

4. 头腔共鸣（鼻腔共鸣）技巧

头腔共鸣，又称"鼻腔共鸣"，是下部共鸣（胸腔、喉腔、咽腔共鸣）通过骨肉传导到鼻腔后产生的共鸣效果。因为头部内没有腔体，头部共鸣的感觉来源于鼻腔共鸣的振动感。头腔共鸣是人体的高音喇叭，它的音色优美明亮，具有穿透力和金属感，多用于高声区的演唱，以表现激昂振奋的情感。

除了鼻咽腔可调节之外，头腔共鸣的其他共鸣腔体均为不可调节共鸣腔。因此，鼻咽腔是否打开且通畅，对于头腔共鸣的获得至关重要。演唱者要在打开喉部的基础上，继续充分打开鼻咽腔，努力将下部共鸣通过鼻咽腔通道竖直传入头腔，从而产生丰富的头腔共鸣。

（1）微笑演唱。

演唱者面带微笑地演唱，有利于找到头腔共鸣的位置。因为人在微笑时，颧肌上提，鼻咽腔能够打开且通畅。很多网络直播演唱者遇到高音唱不上去的情况时，可以带着微笑演唱，以获得明亮的音色和更多的高音共鸣。

（2）小声练唱。

一些网络演唱者以喊的方式演唱高音，声音洪亮却生硬，音量过大，喉咙过紧，气息僵硬。这往往是缺乏头腔共鸣，直接从口腔发出来或者是卡在喉部不能顺畅发出来的声音。经过长时间的演唱会出现嗓子哑、喉咙痛等情况，是万万不可取的。

小声进行练唱，有利于演唱者获取一定的头腔共鸣。高音演唱如同穿针引线，声音的起点如同细小的线头，用较小的音量找到高音的一个点，以点带面，渐渐获取充分的头腔共鸣。

（3）小嘴演唱。

很多演唱者误认为打开口腔是张大嘴巴演唱，其实张大嘴巴是不利于高音共鸣的。正确的口腔共鸣需要打开后声腔，也就是要打开喉腔的后部。演唱时嘴巴不要张得过大，小嘴演唱反而有利于迫使口腔后部的打开，从而实现口腔、咽腔、鼻腔的通畅和共鸣配合。

（二）演唱共鸣的运用

1. 共鸣与音高

（1）音域。

每个人天生能唱出的音高范围是有限的，能够唱出的最高音和最低音之间的范围被称为"人的音域"。一般来讲，人的自然音域不超过两个八度，而演唱者需要对自己的音域进行扩展，通过刻苦训练一般可以增加五度左右的音域，以满足不同歌曲的演唱要求。

（2）声区。

19 世纪，西班牙声乐理论家玛努埃尔·加尔西亚提出，人的声音应分为头声区、中声区和胸声区。在我们今天的演唱中，演唱者的声区通常被分为男低音、男中音、男高音和女低音、女中音、女高音。每个声区都有主要的共鸣腔体，低音的共鸣区主要在胸腔，中音的共鸣区主要在喉腔、咽腔、口腔和鼻腔，高音的共鸣区主要在头腔。

在演唱用声中，音色最好的是每个声区的中音部分。中音是各声区中最圆润丰满、松弛自如，最富有表现力和光彩的音色。它不会像低音有压抑感，也不会像高音有紧张感。

高音是演唱中必不可少的元素，人体头腔的共鸣空隙小如针眼，容易引起高频率的泛音共鸣，从而消解高音的尖锐色彩，使高音更加柔和。中音是演唱中运用最多的声区，要在演唱训练中打下坚实的中音基础，进而扩展音域，使各声区的转换自如流畅。

2. 共鸣与音色

（1）混声。

很多网络演唱者对混声的概念并不熟悉，只知道真声与假声。可是当我们单纯地使用真声或假声来演唱时，问题就出现了：真声演唱会出现高音困难、声音过白、音色尖锐干枯等问题，假声演唱又会给人音色单薄、小气造作的不适感。正确的演唱音色应是使用一定真假声比例的混声呈现的。

混声发声不仅应用于西方的美声唱法，也是中国民族声乐和现代通俗演唱的重要方式。混声的发声特点是音色"又亮又暗"，且无论唱哪个声部，演唱者音色始终统一，头腔共鸣、口腔共鸣、咽腔共鸣和胸腔共鸣的转换自如且没有痕迹。混声的练习方法是：对着镜子看着自己的喉头，一边小声哼，一边使喉头向下移动；声音往高处进行时，喉头要相应地向下慢慢移动，渐渐找到喉头稳定的感觉。

（2）感情色彩。

情感的变化常常带来音色的变化，欢喜时音色明亮轻快，悲伤时音色低沉无力，亲切时音色圆润轻柔，愤怒时音色粗犷有力。演唱中的音色与共鸣效果关系密切。人体各个共鸣腔体的调节和变化，可以塑造出丰富的声音色彩。声音的明亮与暗淡、集中与分散、松弛与紧张、圆润与沙哑、宽厚与窄细等，可以通过口腔开度的大小、发声位置的前后高低、气息力度的强弱、共鸣成分的比例、发声集中点位置的不同等来实现。

3. 共鸣与音量

很多网络演唱者在演唱高音时，会不自觉地放大音量，以为大声即高音，这是错误的。音量与音高是两个不同的概念，音高由声带振动的频率决定，音强由声带振动的幅度决定。音量，即音强，常用分贝来计算。演唱者应该熟练掌握音高与音量的变化技巧，做到无论高音还是低音，都能自如地控制发声。在演唱中根据歌曲的需要，有强有弱，能强能弱，变化自如。

（1）强音。

演唱中的强音是必不可少的。演唱强音时要发挥整个共鸣腔体的共振作用，使声流在共鸣腔体内充分共振，并且能够回旋流出，从而产生丰富的泛音效果，音色饱满而有弹性。良好的强音演唱，不仅气息坚实有力，而且给人共鸣贯通之感。

（2）弱音。

演唱中的弱音，也就是轻声，往往具有位置高、集中靠前的特点，因此轻声的演唱要着重向深厚而饱满的音色发展。与强音相比，弱音的振幅较小，不易引起共振，弱音的共鸣效果不易获得。因此，弱音的演唱需要更加打开共鸣腔体，而不是缩小共鸣腔体，发音器官要随之放松、敞开。

【曲目训练7：《我和我的祖国》片段】

训练提示：请充分利用头腔共鸣与胸腔共鸣的结合，带着对祖国的热爱之情进行演唱。

我和我的祖国，一刻也不能分割。

无论我走到哪里，都流出一首赞歌。

我歌唱每一座高山，我歌唱每一条河。

袅袅炊烟，小小村落，路上一道辙。

啦……

我最亲爱的祖国，我永远紧依着你的心窝。

你用你那母亲的温情，和我诉说。

我的祖国和我，像海和浪花一朵。

浪是那海的赤子，海是那浪的依托。

每当大海在微笑，我就是笑的漩涡。

我分担着海的忧愁，分享海的欢乐。

啦……

永远给我碧浪清波，心中的歌。

（张藜作词，秦咏诚作曲）

【曲目训练8：《同一首歌》片段】

训练提示：请运用真假声比例适度的混声进行演唱。

鲜花曾告诉我你怎样走过，

大地知道你心中的每一个角落。

甜蜜的梦啊谁都不会错过，

终于迎来今天这欢聚时刻。

水千条山万座我们曾走过，

每一次相逢和笑脸都彼此铭刻。

在阳光灿烂欢乐的日子里，

我们手拉手啊想说的太多。

星光洒满了所有的童年，

风雨走遍了世间的角落。

同样的感受给了我们同样的渴望，

同样的欢乐给了我们同一首歌。

阳光想渗透所有的语言，

风儿把天下的故事传说。

同样的感受给了我们同样的渴望，

同样的欢乐给了我们同一首歌。

（陈哲作词，孟卫东作曲）

【曲目训练9:《隐形的翅膀》片段】

训练提示:请选用适当的共鸣方式和感情色彩进行演唱。

每一次,都在徘徊孤单中坚强。

每一次,就算很受伤也不闪泪光。

我知道,我一直有双隐形的翅膀。

带我飞,飞过绝望。

不去想,他们拥有美丽的太阳。

我看见,每天的夕阳也会有变化。

我知道,我一直有双隐形的翅膀。

带我飞,给我希望。

我终于看到,所有梦想都开花。

追逐的年轻,歌声多嘹亮。

我终于翱翔,用心凝望不害怕。

哪里会有风,就飞多远吧。

隐形的翅膀,让梦恒久比天长。

留一个愿望,让自己想象。

(王雅君作词作曲)

第五章
网络配音
人声创作

　　如今，配音创作不再是仅在专业录音棚里才能完成的。一部手机、一个安静的房间、一副好嗓音，就可以进行配音创作。每个人的配音作品都可以通过网站、应用软件、微博、朋友圈等广泛传播，网络技术的普及使配音创作得以迅速推广。配音艺术可以发掘人声造型潜质，让声音创作爱好者尽情发挥。网络配音创作为配音艺术提供了很多创新形式和配音手段，如搞笑配音、拼贴配音、创意配音、电子配音等。网络配音创作的基础是各类影视配音的技巧和经验。因此，我们可将传统影视配音创作与网络配音创作相结合，分析二者在创作技巧方面的共性与差别。

影视配音艺术，包括动画片配音、纪录片配音、广告配音、影视剧配音。各类型作品的配音技巧不尽相同，一般由专业的配音演员和配音团队共同制作完成。影视配音对配音演员的专业水平和配音经验要求较高，令很多配音爱好者望而却步。网络配音技术的普及，为广大配音爱好者打开了配音创作之门。网络配音，已经成为越来越多配音爱好者的娱乐方式，既幽默又有内涵的创意配音层出不穷，"淮秀帮"就是其中之一。从自娱自乐到拥有专业配音团队，从单纯娱乐到富有内涵，"淮秀帮"的配音能力、剪辑水平、硬件设备等都在飞速进步。越来越多网络创意配音团队崭露头角，他们运用创意文本、有识别度的音色、网络化语言、戏剧冲突、颠覆置换等元素进行创意作品配音，深受网友喜爱。

本章我们将传统影视配音创作与网络配音创作相结合，共同探讨动画配音、纪实配音、商业配音和网络剧配音的人声创作技巧。

第一节　动画配音

动画片是创作者运用动画影像技术，赋予其一定的文化、历史、社会、情感、自然等内涵的艺术作品。与其他形式的艺术创作相比，动画片最大的魅力在于它的"运动"。在画面不断变化运动的过程中，人声和音效的配合不可或缺。配音是动画片制作中的重要一环，对塑造动画角色形象有着举足轻重的作用。

动画配音，是指创作者依据动画片的内容情节，运用声音的变化塑造动画角色的艺术创作，也被称作"动画配音人声创作"。很多经典的动画角色声音给人们留下了难以磨灭的印象，如葫芦娃、孙悟空、一休哥、柯南、蜡笔小新等，这些角色的声音造型风格各异，都是优秀配音演员的杰出作品。有人会好奇配音演员是如何变换声音的？其实，多种声线的转换对于优秀的配音演员来说并非难事，但是把握好每个角色的个性，让角色通过声音在画面上"活"过来，是每位配音演员终其一生都在钻研的事情。

动画片配音的制作流程分为"声音先行"和"画面先行"两种。

声音先行，是指先进行动画配音，再根据声音制作动画的模式。导演会在制作动画之前，挑选出符合动画角色的配音演员，再由这些配音演员将剧本中的台词录制出来，同时动画制作师会根据配音演员在现场录制时所做的习惯性动作和特定表情来设计动画角色的动作和表情。这种制作模式广泛应用于美国的梦工厂（DreamWorks Studios）和迪士尼动画（The Walt Disney Company），以及一部分国产动画片及动画电影中，如《怪物史莱克》《功夫熊猫》《驯龙高手》《宝莲灯》《小门神》等。先配音后动画的模式，最大限度地扩展了配音演员的创作空间，避免了很多局限和束缚。

画面先行，是指先进行动画制作，再由导演筛选合适的配音演员进行后期配音的制作模式。这种配音运行模式对配音演员的声音技巧和口型贴合状态的要求较为严格。配音时，配音演员先要通读剧本，了解人物和故事，对人物的性格、情感进行抽丝剥茧般的分析，然后赋予人物有标识性的声音，塑造人物的独特形象。此外，还有一种情况是在只有初步完成的草稿影片时，配音演员即对动画角色进行配音创作。

先动画后配音的创作模式在我国动画电影制作中运用较多，这种创作模式能让配音演员更加明确作品主旨，更准确地把握角色性格，从而塑造更具魅力的动画角色。2016 年上映的国产动画电影《大鱼海棠》，导演为了寻找合适的声音，几乎试遍了各大录音棚，最终选出金士杰、季冠霖、苏尚卿等配音演员为《大鱼海棠》配音。其中，金士杰塑造的"灵婆"这一形象给观众留下了深刻印象。灵婆是一位中性、亦正亦邪的神仙，掌管人类死后善良的灵魂，同时也在私下做着不为人知的买卖生命的交易。金士杰的配音为观众诠释了一个市侩但又不失幽默、温情、悲悯、神秘的灵婆形象。

如今，越来越多的动画片开始在网络平台上播放，动画配音也在探索适应网络动画片的人声创作技巧。关于配音初期的训练技巧，著名配音演员孙悦斌曾有这样一番感慨，有没有一个人的声音对你产生吸引力？找到欣赏的声音，培养兴趣，从模仿入手，不着魔，不成活。想要用声音创作角色，首先要从模仿经典角色开始。相较于影视剧人物配音，动画角色在表情和动作上更为夸张，配音演员要兼顾动画角色特性与画面动作的贴合度。因此，我们要了解动画片人声创作的特点和特殊声音技巧。

一、解放天性

解放天性，是表演学习的第一课，也是做好动画配音的基本创作状态。进行动画配音创作，首先要解放天性，回归童真，挖掘个性，善于表演，大胆夸张演绎，敢于突破桎梏。具体从以下方面着手。

（一）角色个性是创作源泉

动画片中的角色往往是个性鲜明、特点突出的，配音演员要了解自己在作品中的角色定位，从而与动画片的整体风格相适应，并准确抓住角色的个性特征。很多网络动画配音停留在模仿阶段，我们更鼓励模仿之上的创新。以角色个性作为创作源泉，适当地进行声音的加工处理，是动画配音创新的基石。

（二）回归童真获取创作灵感

动画片创作者需要保持一颗童心，善于用孩子的视角观察生活、思考问题，保持好奇心和想象力，天马行空，释放个性。动画配音的人声创作，要让心灵回归童真，可以尝试多与孩子沟通和玩耍，观察孩子的说话习惯和行为特征，体会孩子的兴趣点，从而获取声音创作灵感。

（三）画面变化是创作依据

配音演员拿到台词文稿时，首先要将属于自己角色的台词用记号笔标记出来，然后浏览一遍，大致了解台词的内容和角色的性格，接着认真看画面。第一次看画面，要根据画面中角色的动作和情节的变化，在台词文稿中标出角色的口型和段落结构，可以使用一些特殊符号来表示停顿、连接、加快、重音等，这些符号没有规定样式，按自己的习惯标注即可。第二次看画面，根据自己标出的符号，配合角色动作同步说出台词，边说边记录与画面节奏快慢和角色情绪变化差别明显的地方，做进一步调整。再将需要调整的地方多加揣摩和练习，之后进行第三次的边看画面边对台词。

（四）夸张变型是创作手段

与影视剧人物的声音创作不同，动画片中的角色往往是虚拟的人物卡通形象或动物形象，这本身就是一种拟人的表现手法。因此，动画角色往往需要运用夸张变型的人声来配音，以适应角色特征。此外，动画片的观众群体大多是儿童，夸张生动的音色能够吸引孩子的注意力，激发孩子的观看兴趣。

请根据以下配音台词，发挥童真与天性，带着想象力和趣味性进行动画角色配音。

【动画配音训练 1：《一禅小和尚》片段①】

配音分析

《一禅小和尚》的主人公一禅是一个 6 岁的小男孩儿，聪明可爱，调皮机灵。一禅小和尚自小被阿斗老和尚捡到并收养，在庙里当了和尚。一禅喜欢问师父问题，师父每次都会告诉他一些人生道理，发人深省。一禅在山下还有两个好朋友，一个是活泼可爱、有点傲娇的姑娘小铃铛，一个是得道修仙的蛇妖阿巳，他们俩是一对甜甜蜜蜜的小情侣。

角色造型

一禅小和尚，心地善良，好奇心强。短片中，一禅小和尚向师父提问时要带着天真好奇的语气，用声偏高，语速偏快，语势上扬。

阿斗老和尚，入佛门已久，见识广泛，温暖慈祥，大智若愚。短片中，老和尚回答小和尚的问题时，要带着沉稳耐心、语重心长的语气，用声偏低，与小和尚的音色

一禅小和尚（左）和阿斗老和尚（右）

---

① 附音频资源 5-1-1、5-1-2。

形成鲜明对比，语速较慢，语势多下降。

① **想要遇到对的人，到底有多难**

一禅小和尚：师父，要经历多少错的人，才能遇到那个对的人啊？

阿斗老和尚：有些人闯进你的生活，只是为了给你上一课，然后转身离开。有些人出现在你生命里，就是为了告诉你你真好骗。有些人明明出现在对的时间、对的地点，可偏偏不是对的人，最后只能用来怀念。

一禅小和尚：这么难的吗？

阿斗老和尚：是啊，（摸小和尚的头）缘分这东西，不经历几番波折坎坷，是不会罢休的。等到哪天你遇到一个人，每次看着他都忍不住微笑。记住，一定不要轻易放过他。

② **生气和失望是两回事**

一禅小和尚：师父，为什么对一个人很失望，反而会什么话都不想说了呢？

阿斗老和尚：也许是因为不被重视的小事经历太多，所以在心里默默把分都扣完了吧。细节这东西，说了你才做，它就会变得很廉价，我说了你还不做，那自己就会变得很廉价。

我给你买到了

阿巳（左）与一禅小和尚（右）

一禅小和尚：那不说对方怎么知道呢？

阿斗老和尚：伸手要的糖和主动给的糖，能是一个味道吗？细节里的温柔，有心者不用教，无心者教不会啊。

③ **我对你好，是想你以同样的方式对我**

一禅小和尚：阿巳，小铃铛姐姐要的胭脂，我给你买到啦！

阿巳：多少钱？

一禅小和尚：你给我 12 块钱就好了。

阿巳：没有零钱了，就给你 10 块吧。

旁白：你总替别人着想，可谁又想过你。

胖和尚：呵呵，真好吃！一禅，你尝尝，呵呵，真好吃。

一禅小和尚：你快吃呀。

胖和尚：我也想吃。

（一禅小和尚把苹果给了小女孩，小女孩走开了，给了一禅小和尚一个白眼）

旁白：你为别人雪中送炭，可是别人却用炭把你烫伤。

（一禅小和尚开门让大家先进，自己却被关上的门磕到了头）

旁白：你对人真心，谁对你用心？

一禅小和尚：乌冬。快起床啦，再不走上课要迟到啦！

旁白：我对你好，不是因为你好，而是因为，我想你能以同样的方式对我。

【动画配音训练2：《狮子王》片段①】

配音分析

辛巴是荣耀国的小王子，它的父亲木法沙是一个威严的国王。它的叔叔刀疤对木法沙的王位觊觎已久。要想坐上王位宝座，刀疤必须除去小王子辛巴。于是，刀疤利用种种借口诱惑辛巴外出，并伺机让鬣狗军团大开杀戒。木法沙及时赶到救了辛巴，却惨死在刀疤手下。事后，刀疤别有用心地劝辛巴离开荣耀国。

辛巴在逃亡过程中遇到了机智的丁满和善良的彭彭，它们见证了辛巴成长为雄壮的大狮子。一次，辛巴遇上了少年时的玩伴娜娜，娜娜告知辛巴荣耀国遭遇了灾难，并鼓励它回去复国。在法师拉飞奇的引导下，辛巴和父亲的英灵会面，辛巴下定决心回去复国。在这场复国救民的斗争中，辛巴领会了责任的真谛，并在朋友和亲人的帮助下获得胜利。

本片段讲述的是狮王木法沙带着自己心爱的幼子辛巴俯瞰阳光下的国度，向儿子传授为王之道和生存本领，表现了浓浓的父子情，画面温馨美好。

---

① 附音频资源 5-1-3。

动画电影《狮子王》

角色造型

辛巴，顽皮活泼、不畏一切，整天和好友娜娜东奔西跑。本片段中的少年辛巴用声偏高，位置靠前靠上，语速偏快，语气中透着天真可爱、活泼淘气。

木法沙，强壮、聪明、勇敢，对于生命轮回有着深刻的理解。它用爱统治着荣耀国，也深爱着自己的家人。木法沙的用声位置靠后，声音偏低，气息较沉，语速较缓。吐字时可以撑开后声腔，以体现雄浑、威严、果敢的声音特点，语气中充满对孩子的温情和慈爱。

沙祖，一只鹦鹉，也是荣耀国的大臣，为国王报告近来大小事情，喜欢絮絮叨叨，却一丝不苟。沙祖的用声位置较高，假声成分较多，吐字较为靠前，语速很快。

辛巴：爸，爸，快起来，我们要走了啦……对不起……爸！爸！爸！爸……

沙拉碧：你儿子已经醒了。

木法沙：在天亮前他是你儿子。

辛巴：爸！爸！爸！爸！拜托了！哎呀……哎哟！你答应过我的耶！

木法沙：好吧好吧，我醒了，我醒了。

辛巴：耶！

木法沙：辛巴，你看，阳光所照到的一切都是我们的国度。

辛巴：哇哦！

木法沙：一个国王的统治就跟太阳的起落是相同的，总有一天太阳将会跟我一样慢慢下沉，并且在你当国王的时候一同上升。

辛巴：这一切都是我的吗？

木法沙：所有的一切。

辛巴：阳光能照到的所有东西，那有阴影的地方呢？

木法沙：那在我们的国度之外，你绝不可以去那个地方。

辛巴：我以为国王可以随心所欲啊。

木法沙：你错了，国王也不能够凡事随心所欲啊！

辛巴：不能吗？

木法沙：呵呵！辛巴，世界上所有的生命都有他存在的价值，身为国王，你不但要了解，还要去尊重所有的生物，包括爬行的蚂蚁和跳跃的羚羊。

辛巴：但是爸，我们不是吃羚羊吗？

木法沙：是啊。我来跟你解释一下啊。我们死后呢，尸体会成为草，而羚羊是吃草的，所以在这个生命圈里面都是互相有关联的。

沙祖：早安！陛下。

木法沙：沙祖，你早！

沙祖：我来做早上的例行报告。

木法沙：你说吧。

沙祖：蜜蜂传来的嘈杂声是因为豹群稍微有了一点麻烦。

木法沙：哦，是吗？儿子你在干什么？

辛巴：扑东西。

木法沙：让个老手示范给你看看。

沙祖：我叫大象他们算了，但是他们不肯……

木法沙：沙祖，麻烦你转过身去。

沙祖：是的，陛下。印度豹越来越……

木法沙：尽量地压低身子啊。

沙祖：但是我常说印度豹绝对不会……

辛巴：尽量压低身子，好，我知道了。

沙祖：怎么回事啊？

木法沙：在上捕猎物课程。

沙祖：哦，捕猎物，捕猎物？哦不，陛下，你不是说真的吧？哦，这实在是太丢人了。

木法沙：尽量地不要发出声音。

沙祖：你在跟他说什么？木法沙？辛巴？

木法沙：哈哈哈哈哈……非常好啊。

土拨鼠：沙祖。

沙祖：什么事？

土拨鼠：地下传来的消息。

木法沙：好，这一次呢？

沙祖：陛下，土狼到了荣耀石了。

木法沙：沙祖，带辛巴回家。

辛巴：我不能去吗？

木法沙：不行，儿子。

辛巴：哼！什么地方都不准我去。

沙祖：小主人，将来你也会当国王的。然后你就可以随心所欲地去追逐那些流着口水、卑贱愚蠢的非法入侵者。

二、五个变化技巧

动画配音创作的关键，是进行角色人声造型设计。动画角色的声音没有统一标准，往往是创作者声音设计的呈现。角色人声造型的技巧，可以总结为"五个变化"，即共鸣变化、咬字变化、气息变化、语调变化和特殊变化。

（一）共鸣变化

共鸣变化是影响人声色彩的重要因素。运用不同的共鸣腔进行发声，可以发出不同音高和音色的声音，也可以塑造不同年龄、不同性格的人物形象，表现不同的情绪和情感。

人声的共鸣方式分为高音共鸣（鼻腔共鸣）、中音共鸣（口腔共鸣）和低音共鸣（胸腔共鸣）。塑造动画角色人声造型，主要依据角色的性别、年龄、性格来确定共鸣方式。比如老年角色多用低音共鸣，中青年角色多用中音共鸣，儿童角色多用高音共鸣；其中动画片中小女孩的声音往往更高更细，需要使用高音共鸣和假声成分来完成。

在日常的沟通交流中，大多使用中音共鸣。如果你想使自己的音色浑厚有磁性，那就可以尝试多用胸腔共鸣的低音色彩说话，可以让音色更具魅力。

（二）咬字变化

每个人的口腔形态和发音习惯都是不相同的，这也直接形成了人们咬字的不同特点。在塑造个性鲜明的动画角色时，可以适当进行咬字的变化处理，以增强角色的声音个性。

咬字方式上，可以有前咬、后咬、松咬、紧咬、横咬、竖咬等不同变化。字音形状上，可以有长形、圆形、扁形、饱满、不饱满等不同变化。口型变化上，可以有大嘴、小嘴、咧嘴、噘嘴等不同变化。

咬字的变化，往往与动画角色的具体形象息息相关。人声创作者要善于观察角色的样貌特征，对于一些典型的大嘴、嘟嘴、小嘴形象，声音造型要尽量贴近画面形象和动作特征。

（三）气息变化

气息状态与人的情绪、动作、年龄和身体状况等有着密切联系。

情绪上的气息变化，可以表现平和、愉快、凝重、紧张、沉痛等感情色彩。平和的色彩，呼吸比较放松，气息通畅。愉快的色彩，气息较浅，呈上浮状态，多用胸式呼吸。凝重的色彩，气息较沉，力度较大，多用腹式呼吸。紧张的色彩，全身紧绷，气息压力较大，呼吸急促，多用胸式呼吸。沉痛的色彩，气息沉闷压抑，呼吸间隔时间长，常伴有大口吸气的动作，多用腹式呼吸。[①]

动作上的气息变化，可以表现静坐、行走、奔跑、劳作等动作状态。静坐时，气息平静，有规律，采用腹式的本能呼吸方式。行走时，气息较强，呼吸有规律，往往伴有户外的嘈杂声。奔跑时，喘息声较大，呼吸急促，说话上气不接下气。干活时，气息会随着体力劳动的强弱有明显变化，在做一些较重的体力活时，声音会令人感到小腹在用力。

年龄上的气息变化，可以表现老年、中年、青年、儿童等年龄特点。老年人，气息深沉，换气缓慢，说话时伴有明显的呼吸声。中年人，气息较为沉稳，结实有力，以腹式呼吸为主。青年人，气息较浅，呼吸节奏

---

① 参见中国传媒大学播音主持艺术学院·播音主持语音与发声［M］.北京：中国传媒大学出版社，2014；196.

快，多用胸式呼吸或胸腹联合式呼吸。儿童，气息上浮，呼吸量小，换气动作明显，以胸式呼吸为主。

身体状况上的气息变化，可以表现强壮、柔弱、生病等身体特点。身体强壮的人，气息充足，小腹有力，中气十足。身体柔弱的人，气息量小，柔和无力。有病在身的人，气息虚弱，小腹无力，喘息声明显。

总的来说，气息变化技巧有提气、松气、托气、偷气、就气、抢气、颤气等，可使气息产生强弱深浅、长短快慢等不同的状态变化。

（四）语调变化

语言表达总是伴随着语调变化而起伏，四平八稳的语调听起来会让人昏昏欲睡，善于变化语调可以增强语言表现力和丰富性。语调变化，体现在语气、语势、感情等方面。

语气方面，亲切、严厉、讽刺、疑惑等不同态度所呈现的语调是不同的。亲切询问的语气，语调是平直的。严厉问责的语气，语调是下降的。冷嘲热讽的语气，语调是弯曲的。疑惑好奇的语气，语调是上升的。

语势方面，分为波峰类、波谷类、上山类、下山类和半起类。波峰类的语势，特点是语句的两端低、中间高，声音的发展态势是由低向高再向低进行的。一般重音在句子中间时，多用波峰类的语势。波谷类的语势，特点是语句的两端高、中间低，声音的发展态势是由高向低再向高进行的。一般重音在句首和句尾时，多用波谷类的语势。上山类的语势，特点是句首声音相对较低，继而逐渐上行，句尾声音相对较高，声音的发展态势是由低向高进行的。下山类的语势，特点是句首声音相对较高，然后逐渐下行，句尾声音相对较低，声音的发展态势是由高向低进行的。半起类的语势，特点是句首起点相对较低而后上行，但上至一半声音便停止，不再继续向上。一般用于表现声停气未尽，给人话未说完或在等待别人回答的感觉。

感情方面，喜爱、憎恶、悲伤、喜悦、惊惧、欲求、焦急、冷漠、愤怒、疑惑等不同感情色彩所呈现的声音形式也是不同的。喜爱的感情，气徐声柔，口腔宽松，气息深长。憎恶的感情，气足声硬，口腔紧窄，气息猛塞。悲伤的感情，气沉声缓，口腔如负重，气息如尽竭。喜悦的感情，气满声高，口腔似千里轻舟，气息似不绝清流。惊惧的感情，气提声凝，口腔如冰封，气息如倒流。欲求的感情，气多声放，口腔积极敞开，气息力求畅达。焦急的感情，气短声促，口腔如弓箭，气息如穿梭。冷漠的感情，气少声平，口腔松软，气息微弱。愤怒的感情，气粗声重，口腔如鼓，气息如橡。疑惑的感情，气细声黏，口腔欲松还紧，气息欲连还断。

（五）特殊变化

一些特殊的声音造型也是塑造角色个性的良好方法，如运用生理特点、方言口音进行声音处理。

生理特点方面，可以通过撒气、下牙前突、撑后声腔、裹唇、扁唇、噘唇、鼓嘴、咬舌、结巴等方式，添加鼻音色彩。

方言口音方面，可以运用方言中的典型语音或词语进行表达。一些方言，如东北话、四川话、陕北话等，在表现地方色彩、人物性格方面能起到较好的效果。运用方言的同时，需要注意结合普通话发音来表达，从而避免方言色彩过重导致的理解障碍。

以上论述的五种变化，不是单独运用的，而是需要人声创作者根据角色特点进行各种层次的组合变化，从而形成不同的角色人声造型。

【动画配音训练 3：《尊宝爸爸》片段①】

配音分析

《尊宝爸爸》是网络动画系列短片，主要角色有尊宝、尊宝爸爸、尊宝妈妈、老师和焦后跟等。短片以角色对话的形式展开，风趣幽默，蕴含一定的生活哲理和人生况味。尤其是不同人物特有的声音造型，为短片的搞笑风格增色不少。

角色造型

练习时无需模仿网络短片中的角色配音，抓住角色特征即可。尊宝用声偏高，语气生动，略带幽默。老师的配音语气带着循循善诱之感，与片中搞

老师（左）、
焦后跟（中）与尊宝（右）

① 附音频资源 5-1-4。

笑的内容形成鲜明对比。

① 癞蛤蟆和青蛙有什么区别

老师：癞蛤蟆和青蛙有什么区别？你们知道吗？

尊宝：青蛙坐井观天，思想封建，是负能量。

焦后跟：而癞蛤蟆想吃天鹅肉，思想前卫，有远大抱负，是正能量。

老师：所以最后青蛙成了饭桌上的一道菜，而癞蛤蟆上了贡台，改名为"金蝉"。这说明什么？

尊宝：这说明长得丑并不可怕，关键你要想得美。

【动画配音训练 4：《海绵宝宝》片段】

配音分析

《海绵宝宝》主要围绕海绵宝宝和它的好朋友派大星、邻居章鱼哥、上司蟹老板等角色展开，场景设定于太平洋海底一座被称为"比奇堡"的城市。

角色造型

海绵宝宝，是一块黄色长方形海绵。它有着不死之身，无论身体如何被破坏皆可恢复原状。海绵宝宝喜欢捕捉水母，职业是蟹堡王餐厅的头号厨师。派大星和珊迪都是它的朋友。海绵宝宝总是能给平静的世界制造麻烦，虽然闹出一些笑话，但也总能摆脱困境，然后又制造出新的麻烦。

派大星，是一只粉红色的海星，智商低，头脑与身体仅用插头连结。它懒惰又有着孩子气，时常呆滞地流口水，讨厌洗澡，不爱洗手，爱睡觉。派大星做任何事似乎都会搞砸，但开船却异常厉害，居住在一块很大的圆形石头下面。它跟海绵宝宝关系最好，时常鼓励海绵宝宝进行一些危险活动，往往让彼此陷入困境。

海绵宝宝：现在你已经有空啦，去吃饭吧！

派大星：不，海绵宝宝，我不想去！

海绵宝宝：我这里有全新一瓶的超级泡泡多泡泡水哦！

派大星：不，我不感兴趣。

海绵宝宝：不然我们来玩海盗好啦。

派大星：不，朋友，我们好像已经渐行渐远了。

海绵宝宝：什么？什么意思？

派大星：过去我们在一起很快乐，可现在我们不能兼容了，我们应该分道扬镳了。这就是人生，人生，懂吗？

海绵宝宝：可你是我最好的朋友……

派大星：我知道很难，面对现实吧！

海绵宝宝：好。

派大星：也许将来我们会再次相逢，请你勿忘我，海绵宝宝先生。

海绵宝宝：再见，我最好的，朋友，呜呜呜呜……

海绵宝宝：珊迪，你在家吗？我需要专家的协助。

珊迪、派大星：哈哈哈哈哈哈……

海绵宝宝：派大星？

珊迪：派大星，你真是太聪明了！

派大星：谢谢你珊迪，我认为你的智慧也极具启发性啊。

珊迪：啊真的？谢谢。好了，派大星，你认为这道题要怎么解？

派大星：只是改变这个方程式的相关系数，那么被减数就会成为商数了，连结构最简单的哺乳动物都可以轻松解开。

珊迪：你这话什么意思？派大星。

派大星：我只是认为你有可能缺乏解开商数方程式的能力。知道吗？

珊迪：你是在说我笨吗？

派大星：我会用更婉转的说法——有待改进。

珊迪：你最好离开这里！

派大星：我只是想提供帮助。

珊迪：我不需要你这种协助，智多星先生，我比较喜欢以前那个呆呆的你！

【动画配音训练5：《白雪公主和七个小矮人》片段①】

配音分析

《白雪公主和七个小矮人》讲述了白雪公主为躲避皇后的迫害逃到森

① 附音频资源5-1-5、5-1-6。

林里，遇到七个小矮人的故事。白雪公主的继母内心狠毒，她担心白雪公主长大后容貌会胜过自己，于是便打发她做城堡里最下层的女佣。皇后拥有一面知道一切事物的魔镜，魔镜告诉她白雪公主比她还要美丽。于是，心狠手辣的皇后命猎人将白雪公主带到森林中杀死，并把她的心脏挖出来，装在盒子里带给她。

然而富有同情心的猎人放走了白雪公主，并将一颗猪心装在盒子里带给皇后。七个善良的小矮人收留了白雪公主。皇后将自己变成了一个老太婆，趁小矮人们不在家时哄骗白雪公主吃下了有毒的苹果。小矮人们飞速赶回家，惊惶逃走的皇后在暴风雨中摔下悬崖而死。七个小矮人将白雪公主放在镶金的水晶玻璃棺材中，邻国的王子骑着白马赶来，用深情的吻使白雪公主活了过来。

角色造型

白雪公主，美丽单纯，优雅可爱，性格温柔，为人善良，对身边的朋友充满爱意。配音语气充满着美好温情，带着希望和期待。吐字圆润甜美，声音悦耳动听。

皇后，过度自恋，嫉妒心极强，只注重外在而不注重内在，容不得别人比自己美貌，内心凶狠恶毒。用声位置稍低，吐字位置稍微靠后，适当用力，语气起伏夸张。

巫婆，是皇后通过法术变成的，意欲置白雪公主于死地。巫婆外表丑陋，喜怒无常，容易暴怒，为达目的不择手段。她步步为营，引诱白雪公主进入自己的圈套，吃下毒苹果。发声低沉，气声较多，语气跌宕起伏，极其夸张，表现力强。

① 皇后独白

皇后：把苹果浸在毒液中，让那些毒汁渗入。看，它的表皮，正是它内部的象征，现在变成红色去引诱公主，使她肚子饿而吃它。哈哈哈哈哈……要吃一口吗？哈哈哈哈哈……这不是给你的，是给白雪公主的。当白雪公主咬一口我手上的苹果时，她就会停止呼吸，血液凝结。而我，就是这个世上最美的女人啦！哈哈哈哈哈……不对！有没有解毒的方法？千万不能有闪失啊！哈！这里，睡着死亡的人，只有那真爱之吻能使她清醒而复活。真爱之吻？哈！这个倒不用怕，那些矮人会以为她已经死了。她会被活埋！哈哈哈哈哈哈哈……被活埋！哈哈哈哈哈哈哈……

② 巫婆与白雪公主

巫婆：只有你一个人在家？

白雪公主：是啊，不过……

巫婆：那几个小矮人都不在？

白雪公主：不，不在。

巫婆：嗯……做派啊？

白雪公主：对呀，草莓派。

巫婆：只有苹果派才能叫人垂涎三尺，而且最好是用这种苹果。

白雪公主：看起来好像很好吃。

巫婆：对呀，你为什么不先尝一口呢？亲爱的，试试看呐？嗯？快啊，快咬一口啊，（被小鸟们攻击）走开。

白雪公主：别这样，走开啊，走开嘛，羞不羞啊，欺负一个老太太。

巫婆：我还以为弄丢了呢。

白雪公主：在这里，我很抱歉。

巫婆：哦……我的心……我的心好痛啊。扶我到屋里去，让我休息一下，给我杯水喝，谢谢。

（白雪公主扶巫婆进屋，给巫婆倒水）

…………

巫婆：因为你对我这个老太婆那么友善，就让我来告诉你一个秘密吧。这不是一个普通的苹果哟，这是个能许愿的苹果。

白雪公主：能许愿的苹果？

巫婆：对啊，只要咬一口，你的梦想就会实现了。

白雪公主：真的吗？

巫婆：是啊，亲爱的。你先许个愿，然后再吃。

…………

巫婆：在你那小心肝里，一定有个愿望吧？也许你有了心爱的人。

白雪公主：嗯，是有一个。

巫婆：果然没错，果然没错。哈哈哈……我可是个过来人哪，听我的准没错。许个愿吧。

白雪公主：我希望……我希望……

巫婆：对了，继续，继续。

……………

白雪公主：然后他会带我到他的城堡去，我们在那里可以直到永远。

巫婆：好，好，咬一口吧。

……………

巫婆：别让你许的愿都老了。

白雪公主：哦？我是怎么了？

巫婆：呼吸停止……血液凝固……（白雪公主倒地，苹果滚落）哈哈哈哈哈哈哈……我终于是世界上最美的女人了！哈哈哈哈哈哈哈……

三、网络动画短片

网络动画短片，是一种新兴的动画创作形式，常以几分钟的系列短片呈现。动画短片的主角往往是几个固定的角色形象，每个短片以独立的主题展开，通过几分钟的动画来讲述一个相对完整的故事，传递一定的思想内涵。网络动画短片的风格大致可分为幽默搞笑型、温馨情感型、内涵哲理型、呆萌治愈型等，不同类型的动画短片需要配以相应风格的配音和配乐创作。

在网络动画短片中，主要角色的配音往往具有鲜明的辨识度和稳定统一的声音造型。比如，《尊宝爸爸》中尊宝的声音是偏高、偏假的男声，语速快，语调高；《一禅小和尚》中小和尚的声音是中高音、发声位置靠前的女声，吐字圆润，略带鼻音；《阿巳与小铃铛》中阿巳的声音是音高适中、青春阳光、洒脱自信的公子音。

网络动画短片的配音创作往往不需要严格贴合口型，配音难度不大，但要创造出全新的、辨识度高的个性化声音，并不容易。配音创作者可以根据动画风格和作品需要适当加入方言、俚语，灵活运用各种发声位置，大胆尝试，突破人声创作的固有模式。

【动画配音训练6：《萌芽熊》片段①】

配音分析

动画系列短片《萌芽熊》主要讲述了萌芽熊家族成员与饲养员大叔之间，暖萌治愈、笑中带泪的日常故事。

萌芽熊和我们生存在同一个世界，享受着同一份阳光。实际上，每一盆养在窗台上的小植物，都是一只守护人们的小精灵，他们每天都在默默付出，倾听人们的故事，净化人们的心灵，偶尔也会闹出一些笑话。它们是植物，也是人们的守护者。动画风格温馨可爱，是具有治愈功能的心灵鸡汤。

角色造型

萌芽熊，是一只肥胖敦厚、善良可爱的黄绿色小熊，原型是熊童子植物。天真单纯，憨憨呆呆，头顶长着一颗小萌芽，是一个"小暖男"，喜欢吃好吃的、照顾人，时常在不经意间爆出一些暖心金句。用声位置偏高，吐字要鼓起嘴巴，体现小胖子说话时笨拙的特点。语气真诚，多积极上扬，给人以阳光乐观、温馨体贴之感。

① 生活不会辜负每个努力的生命

众人：瞎费什么劲啊，又没有人注意你。你再努力也没用，没有盆是不可能在这里扎根的。

向日葵：唉。

萌芽熊：哇，你好厉害啊！这里都能长出来。

向日葵：厉害什么呀，好不容易扎了根，结果还是那么格格不入。

萌芽熊：怎么会呢？其实这里很喜欢你的。不信吗？你听啊：你很棒……你很棒……要加油啊……要加油啊……这里不会辜负每一个努力生

向日葵（左）与萌芽熊（右）

---

① 附音频资源 5-1-7、5-1-8。

萌芽熊

长的生命，所以要努力绽放哦。

② **2019 最后一天想说的话**

萌芽熊：我走了。

蜡烛1：哎，等一下。

蜡烛9：你这丢三落四的，我们再帮你看看。

蜡烛1：哎呀，这都什么呀？这个扔了。

蜡烛9：这个也不要了。

蜡烛1：这个也不要带了。

蜡烛9：哎呀，都不要了。

（看到了"回忆"包裹）

萌芽熊：嗯，这个留着吧，都是跟你们的记忆。

蜡烛9：这一年没少让你受苦，有什么好回忆的？不要留着了。

蜡烛1：我们也给你拿了东西。

蜡烛9：这是"希望"。

蜡烛1：这是"健康"。

蜡烛9：这是"好运"。

蜡烛1：这是"快乐"。答应我们，这次别再弄丢了好吗？

萌芽熊：嗯。

蜡烛1：快去吧。2020啊，以后，它就交给你了，拜托一定要照顾好它，别再让它受苦了。

萌芽熊：这可是跟你们之间的记忆，怎么能丢呢？谢谢你们的照顾，我会好好的。

【**动画配音训练7：《阿巳与小铃铛》片段①**】

配音分析

男主角阿巳是一个法力高强的蛇妖，女主角小铃铛则是一个人类少女。阿巳和小铃铛在一次争吵之后去寺中寻师父开解，就此与一禅小和尚相识，三人成为朋友，每日打打闹闹，嬉戏游乐，制造了一个个让人忍俊

———————————

① 附音频资源5-1-9。

不禁的小故事。小铃铛与阿巳虽然时常吵闹，嚷嚷着要分手，却又深爱着对方。他们上演了一幕幕可爱逗趣的恋爱轻喜剧。

角色造型

阿巳，本体为蛇，蓝色头发，喜欢着青色外衫，是法力高强、温润如玉的谦谦君子，少年感十足。他对世间万事万物都一副不太关心的样子，待旁人不冷不热，唯独把满腔温柔都给了小铃铛一人，头脑

阿巳（左）与小铃铛（右）

机智，能解开小铃铛出的各种难题，用情专一。阿巳的声音造型是典型的公子音。

小铃铛，长相甜美，表情舒展灵动。她古灵精怪，霸道娇蛮，任性但点到为止，秉性善良纯真，对感情有最美好的憧憬，做事有主见。小铃铛的声音造型是典型的萝莉音。

① **阿巳与小铃铛之冰激凌**

店家：卖萌就可以得到免费的冰激凌哦。

小铃铛：（期待）阿巳，想吃冰激凌！

阿巳：不要了吧。

小铃铛：去！

阿巳：哦。（敷衍）你好，可以给我一支草莓冰激凌吗？

店家：不行哦，不够萌哦。

阿巳：哦。

阿巳：老板不给。

小铃铛：（把阿巳往回推）再去！

阿巳：（略微认真卖萌）你……你好，请问，可以给人家一支草莓冰激凌吗？（猫叫）

店家：不行哦，还是不够萌哦。

阿巳：哦。

小铃铛：（戳着阿巴的头）卖萌这种事情，用点心好不好！

阿巴：（下定决心）好！

阿巴：（化小猫妆，积极卖萌）请问，可以给人家一支草莓冰激凌吗？

店家：（嫌弃）拿着它快滚，别再来了。

阿巴：我拿到啦！

小铃铛：（不满、气愤，一把推开阿巴）让开！

小铃铛：（积极、撒娇）小哥哥！人家口口渴，请问，可以给人家一支草莓冰激凌吗？

店家：啊，这么可爱的小姑娘，快拿好哦！

小铃铛：（瞥了一眼阿巴）废物。

阿巴：哼！

阿巴：（扮作女装御姐）老板，冰激凌。

店家：额！（喷鼻血）

阿巴：（丢手绢）擦擦鼻血，小心贫血哦。

店家：受不了了！摊子都给你呀！

【动画配音训练8：《橡皮擦》①】

配音分析

《橡皮擦》是一部国产超现实主义动画短片，讲述了在一个将人分为三个等级的世界里，不同等级的人有着不同的命运。低等人为高等人服务，却不知高等人最后成了低等人餐桌上的美食，寓意深刻，发人深省。短片只有五分多钟，而且是无人声配音的动画默片。很多网友自发为该短片进行了解说词加工和配音，以下就是其中一个版本的配音台词。请以

网络动画短片《橡皮擦》

---

① 附音频资源5-1-10。

动画旁白的语气进行配音。

如果你身边经常有人抱怨，不妨让他看看这个故事。

在这个世界里，人的命运出生就注定了。头上横杠越多就越低贱，越少就越尊贵。就比如眼前这个新生儿，小帅，他三道杆，医生看都不想看一眼。

时间过得很快，小帅一天天长大。他看着眼前的自己皱了皱眉头，却又无可奈何。小帅有点饿了，他穿过走廊，周围都是一群和他一样的下等人，三道杠，这些人的食堂是个大开间，想吃饭就自己拿盘子，然后按下墙上的按钮，就会从管道弹出一块肉。

小帅拿起肉正想吃，面前却走过来一个人，中等人，两道杠。小帅见到他后本能地站起身，让出座位，躬身行礼，然后默默退到门口，站着吃。他把肉放进嘴里，但又过来一个人，还是两道杠。中等人让他拎包，小帅只能紧随其后。俩人来到房间门口，他又把包还回去了，因为这间是VIP室，下等人不让进。

小帅就有点郁闷，他想回房间，可是刚走到一半，却飞过来一个足球，正中他面门。小帅憋了一肚子气，正想发火，抬头一看，眼前这个熊孩子是两道杠，他又马上满脸堆笑。生气？他根本没有那个资格。

回到房间，小帅一个人蹲在墙角，很委屈，睡着了。半梦半醒，他看到很多中等人围过来欺负他。小帅越来越害怕，恍惚间他眼前出现了一个人，对方手里握着一个橡皮擦，在他脑袋上轻轻一蹭，马上就少了一道杠，变中等人了。

结果梦醒后，他发现自己真的少了一道杠，而手中多了一块橡皮。看到眼前的自己，小帅终于露出了久违的笑容。

他再次来到走廊，下等人低眉顺眼，他很满意。小帅接着往前走，这回总算能如愿进入那个期待已久的VIP区了。

但接下来的场景实在意外，只见三个一道杠的上等人坐在躺椅上。一群中等人，有的跪着捏脚，有的站着揉肩，还有人等在旁边，专门喂吃的。

小帅又不爽了，他心想我好不容易才变成中等人，怎么现在又要伺候人了？于是他掏出橡皮擦，轻轻一笑，转身便蹭掉了头上的杠，现在变一道了。

小帅大摇大摆地走进休息区，旁边的中等人果然对他点头哈腰。他们有人低头给小帅垫脚，有人递上一杯果汁，还有人站在两旁"马萨基"①，剩下那些通通跪着待命。看到此情此景啊，小帅想起以前天天被这群两道杠的人欺负，实在没忍住，微微一笑。

就在此时，他头上悄悄伸出一根铁管，不只小帅，所有上等人都被吸进去了。几分钟后，食堂，三道杠的下等人按下按钮，铁管中排出几块肉排，这些就是上等人了。

四、国产动画片

20 世纪 60 年代，国产动画片开始兴起。国产动画电影《大闹天宫》被誉为"中国动画镇山之宝"，承载了几代人的美好记忆。还有《小蝌蚪找妈妈》《哪吒闹海》《三个和尚》《天书奇谭》等优秀作品，它们共同见证了中国动画影片昔日的辉煌。虽然当时配音演员的工作处于全新的探索阶段，但他们兢兢业业、勇于开拓的实干精神，让"中国动画学派"屹立于世界动画艺术之林。

著名配音表演艺术家邱岳峰塑造的《大闹天宫》中的孙悟空和太上老君、《哪吒闹海》中的东海龙王、《阿凡提的故事》中的巴依老爷，著名配音表演艺术家、电影译制导演毕克塑造的《大闹天宫》中的东海龙王、《天书奇谭》中的袁公、《哪吒闹海》中的李靖，著名配音表演艺术家富润生塑造的《大闹天宫》中的玉皇大帝、《天书奇谭》中的太白金星、《哪吒闹海》中的太乙真人，这些配音表演艺术家们用饱含情感的嗓音，诠释了一个又一个生动鲜活的动画角色，给无数人的童年增添了色彩。老一代艺术家们对配音艺术一丝不苟的执着精神，值得我们传承和发扬。

20 世纪 80 年代以来，海外动画片迅速崛起并占领中国市场，各大电视台的动画片时段一度被海外动画片所占领。但中国动画片从业者从未放

①　一般指推拿按摩。

慢拼搏的脚步。21 世纪初，在国家政策的扶持下，国产动画片的数量骤增十几倍。2015 年，一部《大圣归来》重振国人制作优秀动画片的雄心。而后，《大鱼海棠》《哪吒之魔童降世》《新神榜：哪吒重生》《白蛇：缘起》《姜子牙》等以中国民间故事为背景的动画片接踵而至。我国动画行业经历了从繁荣走向衰落再经历重生的阶段。国产动画片始终坚持大胆创新，坚守深深根植于大众内心的传统文化精神，对于中国文化的传播起到了重要作用。

目前，配音行业在中国已形成一套规则体系。现在越来越多的配音爱好者加入其中，许多高校开设了配音专业，我们已然能看到这个行业焕发的活力与生机。

【动画配音训练 9：《白蛇：缘起》片段①】

配音分析

晚唐时期，国师发动民众大量捕蛇。前去刺杀国师的白蛇小白意外失忆，被少年阿宣救下。为了帮助小白找回记忆，阿宣和小白共同踏上了一段冒险旅程。相处中阿宣与小白的感情迅速升温，但小白逐渐暴露蛇妖身份。另一边，国师与蛇族之间不可避免的大战也即将打响，俩人的爱情面临着巨大考验。

角色造型

小白，清丽高雅，仙灵柔美，性格独立，坚贞不渝。失忆后的她害怕妖怪，更害怕与阿宣产生感情。发声风格是忧愁多思，语气较稳重，用声稍低，语调少起伏。

小青，与姐姐小白相依为命，相貌娇艳，英勇坚强，率真坦诚。小青有时性子急躁，心直口快。她对人类有很深的误会，看重族群利益。用声稍高，语速稍快，语气果断。

阿宣，追求人妖平等，对于小白的情感从友善到害怕再到理解。阿宣的用声是典型的公子音。

---

① 附音频资源 5-1-11。

宝青坊主，千年狐妖，掌管着打造法器的神秘宝青坊，有着化人为妖、化妖为人的能力。用声偏高，语势起伏弯曲。

肚兜，阿宣养的小狗，性格胆小懒散却很仗义，被小白施法后学会了说话。

宝青坊主：少年人，我可以帮你。

阿宣：真的吗？

宝青坊主：少年人，我也少年过，轻狂过，放纵过，到如今也留下诸多遗憾。你要知道，有一天你可能会后悔。

阿宣：如果不能在一起，我现在就会后悔。

宝青坊主：哈哈哈，好吧，果然少年。天下生意，有来有往，我要的你给得了吗？

阿宣：你要什么我给什么。

宝青坊主：好，有个办法。我把你变成妖。

阿宣：我……妖？

宝青坊主：是啊，妖。变成妖你们就能在一起了。

阿宣：就算是妖又怎么样？比如……肚兜，肚兜就算是妖，我也还是喜欢它，肚兜是妖怪也会喜欢我的。对不对，嗯？

小白：是吗？

肚兜：谁喜欢你，我不就混口饭吃吗？我怎么会说话了呢？汪汪，汪汪，我怎么说话了呢？我怎么说话了呢？我不应该说话呀汪汪汪……我说话不是要被当成妖怪被道士斩了吗？我说话声音怎么这样？

阿宣：嘘，你小声点。

阿宣：没什么。

小白：我们走吧。

肚兜：哎，还有条狗呢。

小青：姐姐，他不会回来的，我们走吧。姐姐，我们已经朝夕相伴百年了。

小白：但和他的感觉不同。

小青：妖苦苦修炼历经劫难，好不容易才炼成这诱人身形，这精致容颜，可我们总有原形毕露的时候，那时候他还会喜欢你吗？我记得师父说过，只有人才知道七情六欲的滋味。

小白：我醒来的时候以为我就是人。

小青：七情六欲的滋味有什么好呢？我这么躺着，这个大石像抱着我，也挺好啊。

小白：石像冷。

【动画配音训练 10：《大鱼海棠》片段①】

配音分析

《大鱼海棠》讲述了掌管海棠花生长的少女"椿"为报恩而努力复活人类男孩"鲲"的灵魂，在本是天神的"湫"的帮助下，与命运斗争的故事。在天空与大海相连的海洋深处，生活着掌管人类世界万物运行规律的"其他人"。居住在"神之围楼"里的少女椿，在 16 岁生日那天，变作一条海豚到人间巡礼，被大海中的一张网困住，人类男孩鲲因为救她而落入深海死去。为了报恩，她需要在自己的世界里帮助男孩的灵魂——一条拇指那么大的小鱼，成长为比鲸更大的鱼并回归大海。历经种种困难和阻碍，男孩终于获得重生。影片对成长具有追问意，阐述了爱的主题。影片风格唯美，富有中国古典神韵色彩。由天而降的大海、高耸入云的海棠、水天一线的海天之门、天空中游过的成群的鲸，展现了一种柔和之美，为影片笼上了一层淡淡的悲凉气氛。

角色造型

少女椿，性格坚强执着，外表有些冷漠严肃，但是内心非常细腻。少女椿的用声稍高，语气坚定。

老年椿，在经历了一切以后，看尽世间百态，感触颇深。用声低沉，气声较多，语速缓慢，带着客观冷静的语气。

湫，掌管秋风的少年，椿儿时的玩伴，由奶奶抚养长大。他从小天不怕地不怕，可在内心深处最害怕所爱之人受苦。他与灵婆交易，用性命换回了椿。后来，他被灵婆复活，成为灵婆的接班人。湫的用声以中音为

---

① 附音频资源 5-1-12。

主，兼顾少年与成年的语气，带着成熟稳重之感。

爷爷，是个医术高明的药师，救人无数，却救不了自己最爱的人。他开明善良，和蔼可亲，古道热肠，不计回报，乐善好施，对椿十分疼爱包容。用声较低，语速稍慢，略带气声。

小孩，天真活泼，用声靠前靠上，声高且细。

老年椿：45亿年前，这个星球上只有一片汪洋大海和一群古老的大鱼，这些大鱼就是人类的灵魂。实际上从出生开始，他们就从没忘记。我叫椿，我来自海底世界，我们那里的天空连接着人类世界的大海，人的灵魂在人间漂泊了很久，最后来到海底世界天空的尽头。我们掌管着人类的灵魂，也掌管着世间万物的运行规律。我们既不是人，也不是神，我们是"其他人"。

少女椿：爷爷，人死后会去到哪里？

爷爷：身体会变成泥土。

少女椿：那灵魂呢？

爷爷：灵魂会游到最北边的如升楼，然后化成小鱼，由灵婆看管。

少女椿：我们也会死吗？

爷爷：那当然了，生死有道嘛，爷爷的大限也快来了。

少女椿：爷爷，我不想你走。

爷爷：傻孩子，这是自然规律。对我们来说，死是永生之门。

爷爷：老伴，还记得我们第一次见面的地方吗？

少女椿：爷爷。

爷爷：椿，你过来。

少女椿：爷爷。

爷爷：爷爷要走了。

少女椿：爷爷，是我害了你。

爷爷：孩子，别自责，万物都有它的规律，谁都要过这一关。我知道你在做一件非常危险的事，所有人都会反对你，只要你的心是善良的，对错都是别人的事，照着自己的心意走。爷爷会化成海棠树，和奶奶一起，永远支持你。

老年椿：奶奶生前掌管百鸟，死后化作一只凤凰陪着爷爷。两天后，爷爷走了，那天所有的鸟都来了，好像奶奶又回来了。

啾：我从小没有爸妈，奶奶一个人把我带大。从小就没人管我，天不怕地不怕，可在这个世界上，我最害怕的就是让你受苦。我没想到会这样，我没想到他对你那么重要。我很害怕，我怕他们伤害你，你醒来好吗？

小孩：我看到你啦！我看你们往哪儿躲。人呢？又躲到哪儿去了？啊……后土爷爷，后土爷爷，有条鱼，有条鱼，有条鱼……在这里，就在这个井里！嗯？怎么没了？我刚才明明看到有一条鱼的。

后土爷爷：最近连日暴雨，海水倒灌，这是不祥之兆，一定要严加戒备。

五、译制动画片

译制动画片，是指将某国影片从其民族语言（或方言）译成另一种民族语言（或方言）的动画影片。为译制动画片配音时，先将原版影片的对白译成另一种需要的语言，再由配音演员按照原片动画角色的形象设定进行配音创作。在动画作品中，用个性鲜明的人声造型来展现角色性格，可以为画面和角色赋予灵魂与活力，从而增强动画作品的感染力和吸引力。

20 世纪 80 年代以来，译制动画片在中国迅速崛起，出现了不少深入人心的作品，一度受到观众的广泛追捧，如《忍者神龟》《名侦探柯南》《美少女战士》《灌篮高手》《蜡笔小新》《一休哥》《机器猫》《樱桃小丸子》《狮子王》等。这其中，包含着译制动画制作者和优秀配音演员的共同努力。那些经典的动画角色声音，至今仍回荡在我们耳畔，一休哥、柯南、美少女战士等角色成了一代人的童年记忆。我们可以从这些经典声音中探寻译制动画片的配音经验和技巧。

【**动画配音训练 11：《海底总动员》片段**①】

配音分析

《海底总动员》主人公是一对可爱的小丑鱼父子，父亲玛林和儿子尼

---

① 附音频资源 5-1-13。

莫一直在澳大利亚外海大堡礁中过着安定幸福的生活。玛林谨小慎微，行事缩手缩脚，虽然已经身为人父，却还是远近闻名的胆小鬼。也正是因为这一点，儿子尼莫常常与他发生争执，它甚至有点瞧不起父亲。一天，尼莫被一个潜水员毫不留情地捕走，辗转卖到一家牙医诊所。为了救回心爱的孩子，玛林踏上了漫漫征程。途中玛林被大白鲨布鲁斯几次惊险追逐，这很快令它萌生了退意。但幸运的是，玛林遇到了多莉。多莉热心助人，胸怀宽广。多莉的陪伴让玛林明白了如何用勇气与爱战胜恐惧。终于，玛林克服了万难，与儿子团聚并回到了家乡。过去那个胆小鬼玛林，成了儿子心目中真正的英雄。

角色造型

玛林，谨小慎微，缩手缩脚。配音语速较快，用声虚实结合，吐字较急促。

多莉，热心助人，患有严重的健忘症，四肢发达，头脑简单，常使马林哭笑不得。语气着重表现其没心没肺、大大咧咧的特点。

布鲁斯，体型庞大，本性凶残，声音厚实粗犷。它努力学着跟鱼类交朋友，显得笨拙有趣。口腔开合幅度较大，语速较慢。

布鲁斯：我是布鲁斯，好吧，我理解，不能相信鲨鱼，是不是啊？哈哈哈哈……那么，这么晚了你们在外面瞎转悠什么呢？

玛林：没有，我们没有瞎转悠，也没有在外面。

布鲁斯：那好，跟我去参加一个小小的集会，你们觉得怎么样啊？

多莉：你说聚会吧？

布鲁斯：对对！聚会。哈哈哈……肯不肯赏光啊？

多莉：哦，我喜欢聚会，有点意思。

玛林：聚会是不错，而且很诱人，我倒是想去，可是……

布鲁斯：不，别这样，一定要去！

玛林：哦，好吧，既然那么重要，我就……

多莉：气球，你瞧，气球，真是聚会。

布鲁斯：哈哈，请不要靠近，那可不是闹着玩的。要是弄响了麻烦可就大了。

布鲁斯：安安、阿沈。

安安：你终于来了，布鲁斯。

布鲁斯：我们有客人了。

安安：来得正好，伙计。

阿沈：我们吃光了所有饼干，可肚子还是饿得慌。

安安：真想好好大吃一顿。

阿沈：行了，还是先办正事吧。

布鲁斯：好吧，会议的程序准备就绪，我们首先来宣誓。

三条鲨鱼合：我是条好鲨鱼，不是食鱼狂，如果我不遵守诺言日后愿受天打五雷轰。鱼类是朋友，不是食物。

安安：除了，海豚。

阿沈：海豚？没错！他们自以为了不起，哦，看哪，我是跳水健将，请大家欣赏，我有本事吧。

布鲁斯：静一下，今天开始第五阶段，和鱼类交朋友，你们找到朋友了吗？

安安：（紧张颤抖的声音）我找到了。

多莉：你们好。

布鲁斯：你怎么样？阿沈。

阿沈：我？我……好像把朋友放错地方了，没了。

布鲁斯：没关系，阿沈，和鱼类交朋友的确不易，我先借你一个。

阿沈：哦，多谢了，伙计。你先做我的朋友吧。

布鲁斯：我先啰唆两句。大家好，我是布鲁斯。

众合：你好，布鲁斯。

布鲁斯：我最后吃鱼是三周前的事，我发誓，说假话割我的鱼翅做粥。（掌声）

阿沈：你给了我们莫大的鼓舞。

安安：阿门！

布鲁斯：好吧，该谁了？

多莉：让我说，我说，我说。

布鲁斯：哦，前排那位女士，（多莉：哦哦哦）上来讲。

多莉：嗨，我是多莉。

众合：你好，多莉。

多莉：我好像，我好像从来都没吃过鱼。

安安、阿沈：真难以置信。

布鲁斯：有你的，伙计。

多莉：我真高兴去掉一块心病。

布鲁斯：好吧，还有谁？喂，你怎么样？伙计，你有什么问题？

玛林：我？我没有什么问题。

三条鲨鱼：哦，那好，不可能。

布鲁斯：你先做个自我介绍。

玛林：哦，好吧。大家好，我的名字叫玛林，我是一条小丑鱼。

阿沈：小丑鱼，真的？

布鲁斯：那就讲个笑话吧。

阿沈：我喜欢笑话。

玛林：我还真有一个笑话，非常好听。有个软体动物，它走着去找海参，一般来说它们不会说话，可是在笑话里谁都会说，于是软体动物对海参说……

（闪回）

尼莫：老爸……

玛林：尼莫。

阿沈：尼莫，哈哈哈哈哈，好玩，什么意思？

布鲁斯：这小丑鱼不怎么可乐。

玛林：不不不，它是我的儿子。它被一个潜水员给带走了。

多莉：哦，天哪！可怜的鱼。

阿沈：人类自以为由他们主宰一切。

安安：估计是美国人！

布鲁斯：请看这位慈祥的父亲，它在寻找自己的孩子。

玛林：啊？这些符号是什么意思？

布鲁斯：我从来没见过我的爸爸。（大哭）

安安、阿沈：来，大家拥抱一下，我们都是兄弟。

玛林：我看不懂这些字。

多莉：那就找个懂的帮你。嗨，你看，<u>鲨鱼</u>。

玛林：不，多莉。

多莉：嗨，伙计们，伙计们，伙计们。

玛林：多莉，多莉，别闹了。

多莉：这是我的，还给我，给我。哎哟哎哟！

玛林：对不起，你没事吧？

多莉：疼死我了，流血了吧？

布鲁斯：多莉，你没事吧？哦……味道好极了！

安安、阿沈：马上干预。

布鲁斯：就吃一小口。

安安：不能前功尽弃，伙计。

阿沈：别忘了，布鲁斯，鱼类是朋友，不是食物。

布鲁斯：是美食！

安安、阿沈：当心！

布鲁斯：晚餐我要吃鱼！

【动画配音训练 12：《疯狂动物城》片段①】

配音分析

《疯狂动物城》讲述了兔子朱迪通过努力奋斗实现了自己的梦想，成为动物警察的故事。在一个现代化的动物都市里，每种动物都有自己的居所，无论是大象还是小老鼠，只要努力，就能闯出一番天地。

兔子朱迪从小就梦想着能成为动物城市的警察，尽管身边所有人都觉得兔子不可能当上警察，但它还是通过自己的努力，跻身全是"大块头"的动物城警察局，成了第一个兔子警官。为了证明自己，它决心侦破一桩神秘的失踪案件。在追寻真相的路上，朱迪迫使狐狸尼克帮助自己，却发

---

① 附音频资源 5-1-14。

现这桩案件背后隐藏着一个巨大阴谋，它们不得不联手合作，揭开这巨大阴谋背后的真相。

角色造型

朱迪，一只乐观外向的兔子。为了证明自己的实力，它从警察局野牛局长手中抢到了一个失踪案，与狐狸尼克一起踏上了冒险之旅，凭借过人胆识发现了案件背后的阴谋。朱迪的声音兼具兔子的甜美活泼和警员的干练勇敢，用声以中高声区为主，吐字圆润靠前，语速较快，节奏活泼多变。

尼克，一只在动物城里以坑蒙拐骗为生的狐狸，儿时因歧视与偏见而受到伤害，放弃了自己的理想。尼克被迫与朱迪合作查案，从而卷入意想不到的阴谋。尼克的用声稍低，语速较快，语势弯曲起伏，以体现狐狸的狡猾性格。

朱迪：我那么帮你，你却骗我，你个骗子！

尼克：这叫智取，宝贝，而且我不是骗子，他才是。

朱迪：嘿！你个狡猾的狐狸你被捕了。

尼克：是吗？为什么？

朱迪：你想知道吗？比如说无照食品销售、跨区运输、未经申报的商品，还有虚假广告。

尼克：许可证、商品申报回执，我才没做虚假广告呢，拜拜！

朱迪：你跟老鼠说，冰棍的木头是红木的。

尼克：没错啊，红色的木头被染成的红色，简称"红木"。你抓不了我小不点儿，我从小就在这儿混。

朱迪：我可警告你，不许叫我小不点儿。

尼克：我猜你肯定是从一个种胡萝卜的穷乡僻壤来的，对吧？

朱迪：才不是呢，鹿岭才是穷乡僻壤，我是从兔窝镇来的。

尼克：好吧，我给你讲个故事怎么样？从前有个天真的小村姑，很有理想。有一天她想：我要搬到动物城去，那里的食肉和食草动物很友爱，还会一起唱理想歌儿。结果没想到一：其实大家相处并不好，在大城市当警察的梦呢，成了没想到二：她只能开罚单；第三个没想到是：没有人在乎她和她的梦想。没过多久美梦破碎，心情和生活都坠入了谷底，成了在桥下当盲流的野兔子，她不得不夹着那毛茸茸的可爱尾巴，回到故乡成为一个……你是兔窝镇来的对吗？一个种萝卜的村姑，听着耳熟吗？

朱迪：哦！

尼克：小心点，否则破碎的就不只是你的梦了。

朱迪：嘿，嘿！还没有人能对我的未来说三道四的，尤其是那种没什么本事，只会用冰棍来搞敲诈，自作聪明的坏蛋小混混。

尼克：这么说吧，每个来到这儿的动物，都以为自己能够脱胎换骨，但其实不能，你只能是你自己，狡猾的狐狸，愚蠢的兔子。

朱迪：我不是愚蠢的兔子。

尼克：对，这也不是湿水泥。你永远成不了真警察，开开罚单倒是不错，没准还能升职呢，加油吧！

【动画配音训练 13：《疯狂原始人》片段①】

配音分析

影片讲述了一个原始人家庭的冒险故事。原始人咕噜一家六口在父亲瓜哥的庇护下生活。每天抢夺鸵鸟蛋为食，躲避野兽的追击，在山洞里过着一成不变的生活。大女儿小伊一心想要看看山洞外面的新奇世界。没想到世界末日突然降临，山洞被毁，一家人被迫离开家园，离开了居住了一辈子的山洞。他们来到一个绚丽又危险的新世界，到处都是食人的花草和奇鸟异兽，一家人遭遇了前所未有的危机。在旅途中，他们遇到了游牧部落族人——盖。盖有着超凡的创造力和革新思想，他帮助咕噜一家克服了重重困难，还发明了很多高科技产品。全片温暖而又美好，既逗趣又富有生活哲理。

角色造型

盖，一个十来岁的小伙子，青春活泼，富有能量和力气，充满想象力和创意。他对于咕噜一家来说是一个"新新人类"，喜欢动脑子，有很多稀奇古怪的想法，还有很多发明创造。他引领着咕噜一家追寻一个美好的

---

① 附音频资源 5-1-15、5-1-16。

未来新世界。用声位置较高，语速较快，气力十足。

小伊，一个肌肉发达、有抱负的叛逆期女孩，强壮、坚韧、有好奇心，充满朝气。她很难遵守父亲瓜哥制订的规则，很想张开翅膀去探索外面的世界。遇到盖之后，她青春期的叛逆和爱情被激发，语气里既有不耐烦又有少女的青涩与娇羞。用声位置稍高，音色厚实有力量，语速偏快，活泼灵动。

瓜哥，小伊的父亲，部落的领头人，抵触一切变化和新事物，职责是保证家庭的安全。他很啰唆，有很多人生信条，包括"恐惧是好事，改变是坏事""任何的娱乐都是不好的"，以及其他的"瓜哥主义"。用声低沉有力，体现大块头的动漫形象，音色粗犷，气声较多，声音沙哑，口齿不清，表现出成熟稳重的气质。

巫嘎，小伊的母亲，瓜哥的妻子。巫嘎一直尊重丈夫的权威，在一个有些古怪的家庭里，她需要"把发条拧紧"来维系这个家庭。她是一个有爱心、有同情心的伟大母亲，强壮而坚强。用声以中声区为主，虚实声结合，带着关切和担心的语气，体现温柔善良的中年母亲形象。

外婆，一个年近八旬的老人，经历过冰河时代。她对任何人都没有好脸色，尤其是瓜哥。她的智商远远超过了她的年龄，也希望像其他人一样能够多做一些事情。用声位置偏低，以实声为主，可以略带气声表现年老之感，声音略微沙哑压喉。

坦克，性格友善、温和，年龄虽小却有着不俗的力量，很听话，很热情，却在很多事情上表现出憨憨的样子。用声位置靠后，后声腔打开，气息下沉，语速偏慢，吐字笨拙，表现出憨憨傻傻的样子。

① **初识盖**

盖：我也是人，跟你一样……跟你差不多。

盖：行了……嘿嘿嘿！你能不能别……好痒啊……哈哈哈哈哈……

小伊：别出声，他们不让我出来的……啊！

瓜哥：哎……小伊不见了！

巫嘎：什么？不见了？

盖：哇哦，你真够猛的。

小伊：嘿不，这是我的，别碰它！

盖：别这样，它快不行了，我能让它恢复好。

小伊：是我抓住的是我抓住的！

盖：我求你了，我讨厌黑暗。

盖：呼呼呼……来吧来吧来吧。

小伊：它会……照你说的做？

盖：是啊……算是吧。

小伊：这是太阳？

盖：不，不，不，是火。

小伊：你好啊！火。

盖：嘿嘿哈哈……它没有生命。

小伊：可你说它不行了。

盖：呃……对不起啊。

小伊：这是从……从哪来的啊？

盖：不，是我弄出来的。

小伊：给我也弄点……快弄快弄，快弄！快弄！快弄出来！

盖：不是从我身上弄出来的，呃……

盖：你经常这么干吧？

小伊：你死了吗？你死了，火能不能归我？

盖：嘿！这石头很凉，你也这么想？助听贝壳，启动！

盖：我同意，虎妞，我们得离开这。

小伊：我连你是谁都不知道。

盖：我叫盖。

小伊：盖？

盖：这是皮带猴，它是厨师、海员，能说会道，另外它还帮我系裤子。

小伊：什么是系裤子啊？

盖：你叫什么？

小伊：哦，小伊。

盖：我来说明一下，世界要毁灭了。

小伊：什么？

盖：我把它叫作"末日"。

小伊：你怎么知道？

盖：我能预见到，马上就要发生了。开始大地会摇晃，然后裂开，所有东西都掉下去，大火、岩浆，我不是故意吓唬你，相信我，我们现在站的地方，这儿的一切，到时候都没了。我们得去高地，那儿有座山，这是唯一的机会。跟我走吧。

小伊：我不能。

盖：好吧，好吧。给你，如果你活着，呼我。

小伊：嘿嘿嘿，谢谢。人呢？嘿！

小伊：哦！爸爸！

瓜哥：你受伤了吗？什么东西抓你？

小伊：没有，我自己上来的。

瓜哥：你？什么？

小伊：爸爸，你听我解释。

小伊：你从来不听我说话。

瓜哥：我要关你禁闭！

巫嘎：小伊。

小伊：妈妈。

巫嘎：瓜哥，怎么回事？

瓜哥：你知道吗？我真是太生气了！不想跟她说话！

巫嘎：小伊！

小伊：你们不会相信的，我找到了一样新东西。

众人：新东西？这是严重问题！

小伊：等等……等等……

巫嘎：小伊，给我待在防守队行里。

小伊：他不坏。

众人：新的都是坏的。

小伊：不，他是个好人。我一开始以为他是头疣猪，后来我发现他是个男孩。

外婆：真稀奇，一般都会说他是禽兽。

弟弟：小伊找了个猪朋友，小伊找了个猪朋友。

小伊：真的有这么个人！你们瞧着，我叫他来。

② 一家人

众人：我们还活着！

瓜哥：来吧！继续吃！

小伊：嘿，盖在哪儿？

盖：不……

小伊：你要去哪儿？

盖：那座山，高地，末日，记得吗？

小伊：说的已经发生了，它毁了我们的山洞。

盖：不，这只是刚刚开始，最后的末日还没完全来呢！

瓜哥：小伊，把他放下！

小伊：我们不能放他走，万一我们在日落前还没找到山洞呢？万一要找上好几天呢？（倒吸气）万一那些鸟又回来了呢？

外婆：我们需要他的火！呆瓜！

瓜哥：好吧，找到山洞前你跟我们待在一块。

盖：什么？不，我不要，这跟我有什么关系！你们想留就留下，让我走！我有梦想，有使命，有活下去的理由！

小伊：现在没了。

盖：呃，我有个主意！我们去那座山上！

瓜哥：太远了！

小伊：我爸这个人只对找山洞感兴趣。

盖：那座山上有很多山洞。

小伊：你去过那儿？

盖：那是一座山，山上很安全，山上有山洞，有水，还有树枝。

坦克：妈妈，你听见吗？我能有树枝了！

盖：是的！有树枝和山洞，山洞和树枝！很多很多，快去吧！

瓜哥：安静点！

坦克：咦，这个东西好奇怪。

小伊：不不不，别紧张，小珊。那是皮带猴。

瓜哥：我决定了，我们要去那座山。别问我为什么，就是种预感，感觉应该这样。

巫嘎：我不知道，瓜哥，我们从来没有去过那么远的地方。

坦克：我不知道我的脚能不能走那么远。

外婆：我这把年纪，走到那儿早死了。

瓜哥：那就上路吧，来吧！想一想，我们全家一起在野外来一次漫长愉快的旅行，从早到晚一直在一起，一路欢声笑语，家人间的感情会更加亲密。

坦克：啊！快把她拉开！

巫嘎：你没准备好跟她打，就别直视她的眼睛！

外婆：你走路的时候手臂能不能别乱晃？

小伊：多好玩呀，这是我们两个第一次一起旅行。别推我，不然我把你舌头拉出来。

瓜哥：你希望我们掉头回去吗？想吗？我们随时可以掉头，要多快有多快。

坦克：爸爸，我要尿尿。

瓜哥：行啦，你能憋住的。

坦克：我看不行……

外婆：小珊，把嘴里的东西吐出来。

小伊：我在摸，外婆。

坦克：爸爸，我得去尿尿！

瓜哥：行了，到那后面去，动作快点！

【动画配音训练 14：《冰川时代 5：星际碰撞》片段①】

配音分析

动画片讲述了冰川动物们关于爱情、亲情与友情的故事。本片段讲述了松鼠奎特为了追松果，偶然引发了宇宙事件，改变并威胁着冰川时代的世界。树懒希德、猛犸象曼尼、剑齿虎迪亚哥等动物必须离开家园，从而踏上了充满喜剧色彩的冒险旅程。它们来到了充满异国情调的新大陆，遇到了形形色色的新朋友。认为自己永远不可能结婚的希德，因为看到好朋友曼尼、迪亚哥获得了幸福，也开始渴望组建一个幸福的家庭。希德展开了"脱单"（脱离单身状态）大作战，向艾莉娜求婚。被拒绝之后，与美丽的女树懒布鲁琪意外邂逅，发展了一段浪漫的爱情。

角色造型

希德，是个大嘴巴的树懒，能储存大量食物，经常挂着傻乎乎的招牌式微笑。它是个热心肠，但能力有限，每回惹出事儿都需要靠朋友们善后。希德很爱唠叨，有时很烦人，有时也可被当作一种生活调味。在求婚艾莉娜被拒绝之后，希德的爱情观发生了变化，并最终收获了真正的爱情。希德的配音要体现出憨憨的、啰唆的特征。在配音希德求婚独白的时候，要体现出希德的油腔滑调和对女朋友艾莉娜的依赖。希德说话带有沙哑的声音，还有一点点大舌头。

布鲁琪，是个喜欢展现自己魅力的漂亮女树懒，拥有磁性的嗓音，勇敢而富有正义感。它帮助冰川动物们躲避彗星撞地球的灭顶之灾，还喜欢上了希德的神经质。配音时情态要夸张，句尾上扬，阳光开朗，带着自信和对希德的浓浓爱意。

艾莉娜，是一只注重外表的女树懒，曾经是希德的女朋友，高冷傲娇，嫌弃希德的长相。面对希德的求婚，语气要不耐烦，总是忍不住打断希德说话。

曼尼，是一头猛犸象，性格稳重，憨厚勇敢。由于奎特不小心引发了星体碰撞，导致一颗小行星向地球的方向撞去，因此有责任担当的曼尼时

---

① 附音频资源 5-1-17、5-1-18。

刻想办法避免灾难，化险为夷。在第二个配音片段中，要体现曼尼的古板，他受不了布鲁琪对希德的调情，只想赶紧找到解决危机的方法。

巴克，是一只体型瘦小的独眼黄鼠狼，也是一位伟大而孤独的勇士。每一次动物有难时，它都会奋不顾身，帮助大家化险为夷，难能可贵的是它还保持热忱和幽默。在第二个配音片段中，巴克的出现打断了布鲁琪的调情，提醒布鲁琪当务之急是躲避彗星撞地球的灾难，声音要非常迫切，体现危机的紧急。

迪亚哥，一头剑齿虎，聪明强壮，凭借敏捷的动作和彪悍的外表，成为曼尼团队的一员虎将。在第二个配音片段中，迪亚哥非常沉稳冷静，遇到危机毫不慌乱，在关键时刻提醒大家，发挥了巨大作用。

① **告白**

希德：啊……艾莉娜，好多美女都没能成功地将家庭的马鞍拴在野马希德的身上，但我的一切都想跟你分享。你就是我身上的跳蚤，我眼中的 lover。你愿意……当我的终身伴侣吗？么！么么……么么么么……

艾莉娜：希德！希德你在哪里？

希德：Francine……我想问你，我想问你一件事情，你愿意嫁给……

艾莉娜：希德！你不要再说下去，我要跟你分手。

希德：什么？可是我未来都规划好了。世纪婚礼，子孙满堂，还有双人坟墓，我还请了乐团，不，还没啦。

艾莉娜：你疯了吗？我们才约会一次，相处了14分钟。

希德：是啊，但就像是20分钟。

艾莉娜：啊，没办法。戒指，我喜欢戒指。但，不行，我无法……你太黏人了。

希德：这怎么会黏人呢？呃！

艾莉娜：最重要的是，你本人的样子，跟脸书差很大。

② **八卦**

艾丽：他们知不知道，自己住在一个磁力中心点里。

迪亚哥：看起来这里没人在为世界末日做准备。

布鲁琪：真不敢相信，有访客。这里从来没有访客，哈哈哈。谁来掐我一下？还是我应该掐你？等等，我两个一起掐，哈哈哈。

曼尼：我是不是撞到头啦？这是怎么回事儿？

布鲁琪：我真希望这不是一场……梦！

（希德呕吐的声音，布鲁琪吹口哨的声音）

独角兽1：这家伙？说真的？

独角兽2：管他的。

布鲁琪：哇，你好，帅哥，我是布鲁琪。好精致的骨骼结构，好强壮的下巴，我的心有小鹿。

曼尼：我的心很想要吐。

迪亚哥：抱歉，打断这场来电舞时，但是我们有点赶时间。

巴克：要是我们动作不快点，那颗巨大陨石会把我们全都撞成碎片。

布鲁琪：听起来很紧急，最好带你们去见它。

迪亚哥：他是谁？你的领导？

布鲁琪：他就是我们的一切。

独角兽：他无所不见。

布鲁琪：他无所不知。

兔子：而且味道超级好闻。

曼尼：很好很好，听起来很棒，我们走。

布鲁琪：闪亮亮，往这边走。

第二节　纪实配音

纪实配音，是指为讲述真实事件的视频进行配音的创作。在网络上，纪实配音主要分为两种：一是网络原创纪实视频作品，二是电视纪录片的视频原片或片段截取。

在电视纪录片中，配音员的解说起到了阐释画面信息细节、衔接上下组合画面、渲染片子氛围和抒发情感的作用。优秀的纪实配音员能为纪录片锦上添花，增色不少。电视纪录片对解说的要求较高，解说员要理清纪录片的创作背景，准确把握纪录片风格，确定解说的身份定位，分析解说词的表达形式，依据画面确定解说词的插入位置，把握解说的速度和节奏。

网络原创纪实视频作品对配音解说的要求更加"放松"一些，具体体现在纪实配音的"生活化"特点。第一，网络纪实配音音量不大，声音小而实，以收为主，咬字力度适中，吐字灵活，开口度不大。第二，网络纪实配音的语流较为畅达，语势多平缓，少大起大落，听起来舒适轻松。第三，网络纪实配音的语态自然松弛，不刻意，不雕琢，不夸张，情感适中。

纪实配音，按照创作风格可以分为实声与叙述感、气声与韵味感、低声与历史感、轻畅与满足感、夸张与趣味感五种类型。本节重点探讨网络纪实配音作品的各类创作技巧。

一、实声与叙述感

以实声为主的叙述感，是纪实配音的主要表现方式。纪实配音往往采用音量较小、音色较实的声音，以松弛自如的表达、平和投入的状态进行配音，给人以朴实、真实的叙述之感。

（一）艺术类叙述

很多纪实影视作品配音都以朴实的叙述为主。纪录片《京剧》从一个个京剧名角的成长讲到京剧的发展历程，深刻诠释"台上一分钟，台下十年功"。京剧名角成就了京剧艺术，京剧艺术也见证了一代代名角的崛起与陨落。本片具有古典文学色彩和浓厚的艺术感，因此配音不能突兀，而是要娓娓道来，富有韵味。本片段选自《京剧·借东风·传承》。

2012年6月13日，中国戏曲学院2012届的本科生毕业了，他们来自不同的专业，共五百多人，这无疑又为中国的戏曲注入了新的薪火。与一百年前的传统京剧科班不同的是，这些学生身着学士服，和一般大学的毕业生没有什么两样，唯一的区别，也许就是他们身后，这块被称为"梨园"的地方。

自古以来，戏曲艺人就有个"梨园子弟"的别称。相传，嗜喜歌舞的盛唐皇帝李隆基，在都城长安独辟一园，遍植梨树，充作天下雅善歌舞之士传艺授业的教坊。从此，这座弦歌悠扬的梨园，便成为天下伶人向往的艺术神殿。而盛唐皇帝李隆基也由此被奉为梨园行的"祖师爷"。

不管传说中的梨园留下过多少载歌载舞的诗意浪漫，到京剧艺人这里，已荡然不见宛如仙境的脉脉温情，仅剩求取生计的斑斑血泪。

在这个片段中，第一段从中国戏曲学院学生的毕业引入"梨园"主题。配音带着朴实的陈述感，语速适中；虚实声结合，言语细腻生动；重点在段尾处，节奏稍慢，重音放在"梨园"处表示强调，语速放慢。第二段讲述梨园行祖师爷李隆基的故事。解说以生动的讲述感展开，节奏稍缓，略有古韵之感；语流顺畅自如，吐字长圆，气息绵长，语势呈波浪推进，虚实声结合，重音突出。第三段在本片中有着承上启下的作用，本段概括梨园的浪漫历史，将引出下文梨园子弟的生计现实。华丽的古典风格之下，流露着对京剧艺人的怜悯和叹惋。

（二）文体类叙述

纪实配音也常常运用在体育片配音之中。《罗贝里：十年之约》讲述了德国拜仁慕尼黑足球俱乐部（以下简称"拜仁慕尼黑"）两位当时即将离队的功勋球员，荷兰球星阿尔杨·罗本和法国球星弗兰克·里贝里的故事。两位球员在俱乐部中相遇、相识、互相依赖，再到同年离队，十年的故事和经历耐人寻味。

该片充满了回忆和感动，风格偏温馨。配音要注意同期声和球场现场声的承接，兼顾足球运动的激情和热烈，充分结合比赛场景等画面内容，朴实的陈述与恰当的情感相结合。用声较为平稳，以中低音和实声为主，情绪内敛而有起伏。

这是罗本和里贝里代表拜仁慕尼黑的最后一次出场，这是他们为拜仁赢得的最后一个冠军头衔。这一夜的柏林，有说有笑，有音乐，有奖杯，有一场充满欢笑的告别。

这是罗本和里贝里最后一次走进位于塞贝纳大街的拜仁总部，俱乐部全体工作人员为他们送上掌声，"罗贝里"亲手放飞了代表自己球衣号码的气球，这是一场充满温情的老友送别。

告别总会点燃复杂的心绪。德甲联赛的最后一轮是拜仁实现联赛七连冠的关键之战，同时也是罗本和里贝里在安联球场的谢幕演出。过去的十年，他们曾经像这样列队目送一个又一个的队友离开，然而，这一天，是他们告别的时候了。

如何用一个名字代表两个人的十年？如何用两个人的十年成就这一个名字？走过十年，罗贝里这个名字，早已分不开、扯不断。看到罗贝里，就看到了过去十年的拜仁，回想拜仁的过往十年，似乎就是罗贝里彼此之间演绎的足球约定。而在他们相遇的那一天，这份十年之约，就已经悄然开启了。

在这个片段中，第一段描述罗本和里贝里两位球员在德国柏林最后一次代表拜仁慕尼黑参加正式比赛的场景。两位球员在拜仁慕尼黑的职业生涯于辉煌中落幕，配音要带着依依不舍与怀念之情。第二段描述罗本和里贝里最后一次走进拜仁慕尼黑足球俱乐部总部时的场景，情感带着温情和留恋。第三段描述罗本和里贝里在慕尼黑安联球场的谢幕登场的实况，俱乐部全体成员列队为他们告别。第四段在现场声之后是大段的配音陈述，主要内容是表达"罗贝里"这个名字于拜仁慕尼黑、于他们自身的意义，抒情与陈述相结合。这一片段充满温情，叙述朴实却真挚感人。

（三）搞笑类叙述

在一些网络搞笑短片中，常常运用朴实的叙述口吻来讲述一段离奇的故事。虽然一些内容可能改编自网络段子，但呈现的视频短片是纪实性的小故事。新奇风趣的故事情节，加上质朴的口语化配音，往往能达到意想不到的幽默效果。请为网络叙事短片《千万不要随便染头发啊》进行配音。

前几天我路过家附近的一个理发店，看见店门口贴了张通知说店要倒闭了，上个月我还在这儿充了一千块钱。这家店我以前常来，老板人还不错，就是有点儿死心眼儿。之前每次让他稍微剪一下，他就真的"稍微"

剪一下。有次我终于忍不住跟他说，如果以后我说"稍微"俩字时，麻烦你下手再狠点儿！现在好不容易下手够狠了，店竟然要倒闭了？

赶紧进店问老板我会员卡里的一千块钱咋办，老板说已经把所有会员转到朋友理发店了，让我以后去他朋友理发店去剪。拿手机搜了一下，他朋友的店离我家有十公里，那我肯定不干。

老板说我现在确实没办法把钱退你，不然我帮你染个头发吧，你这脑袋染一次也差不多一千块钱。我心想也行，但我之前没染过头发，也不知道好不好看。老板说你放心，我保证你染了之后心态都会变得不一样。于是我决定染头发。

老板拿了一个东西，让我选一下想染什么颜色。看了半天，我说我感觉不到染完之后是什么样子。于是老板又拿来一本画册，里面有很多发型各异的花样美男。考虑了半天，我选了蓝色，因为孩子喜欢蓝色。于是我问老板，我能不能染比这个颜色稍微深一点的蓝色。他说没问题，然后拿来一款染发膏，问我要不要尝试一下这款，说里面含有无毒无害的荧光物质，染完之后头发特亮，即使到了晚上也很亮。我说你看着办就行。于是我坐在镜子前，准备人生中第一次染发。

不知不觉我睡着了，睡梦中我被老板叫醒，说染完了，让我去洗个头，洗完回来吹干。我看到镜子里的自己，惊出了一身冷汗。我说老板，你给我染的这个头发……也太蓝了吧！老板说你不是要比照片上稍微蓝一点吗？我说你看看，这是稍微蓝一点么？比机器猫还蓝。

老板说没事，回去多洗几次颜色就浅了。没办法，也只能这样了……但我感觉很不爽，我说老板你把你的吹风机送我吧，就当弥补一下。老板说不行，店里东西都答应给朋友了。我说我都被你染成阿凡达了，你总该送点东西安慰我一下吧？

老板想了想说有个东西倒是可以送，就是不知道你要不要。回家后老婆看到我也震惊了，我跟她解释了事情的前因后果，她哭笑不得。老婆说你染个这么奇葩的头发就算了，为什么还要把人家理发店的灯拿回来？我说毕竟我是被强迫染的头发，把灯卖了还能稍微挽回一些损失。

于是当天晚上，我把这个理发店的灯挂在二手网站上卖。

显然孩子也并不喜欢这个发型，我花了一晚上时间终于让孩子接受他有个"杀马特"①父亲。没想到晚上睡觉时，全家人再次震惊了。理发店老板说我这头发晚上看起来也会很亮，但其实根本就是夜光的。我心里很憋屈，本来长得就丑，又染了这么丑的头发，而且还丑得发光。

第二天，当我怒气冲冲地赶到理发店时，店已经拆得差不多了。老板说的果然没错，染完头发后，整个人心态确实不一样了，走在路上非常的不自信，总觉得有人在看我，而且还莫名的怕黑。同时这个夜光发型给我带来很大困扰，晚上我得陪孩子睡觉，但很明显孩子在我的照耀下根本睡不着。

上网搜了一下，这种染发剂里有种荧光物质，白天吸光，到了晚上就会发光，而且持续发光两到三个小时。所以那几天我只能躲在阳台，等头发熄灭之后再回屋睡觉。

网上有人说用醋洗头可以去掉发光效果，我试了一下不仅没用，头发上还有一股醋味儿。就在我一筹莫展的时候，对面楼邻居给我发来信息，说他昨晚看到我家里有不干净的东西，可能是鬼火，让我小心一点。我赶紧跟他解释了一下，没想到邻居竟然给出了一个很专业的解决方案，他让我用大蒜洗头，因为大蒜里有种东西叫作"大蒜素"，可以去掉这种荧光物质。我说太感谢了，你是化学老师吧？他说不是，我是兽医。兽医说的不知道靠不靠谱，不过试一下没啥损失。这时手机弹出了一个通知，有人想买我的灯。但对方提出，能不能用他的车来换。我一看，是辆自行车。心想：当然换！傻子才不换，正好我没有自行车，每天骑车还能锻炼身体。

交易的地方离我不远，我抱着灯就过去了，然而见了面才知道，对方的车是一辆三轮自行车。我默默跨上这辆三轮车，缓慢地在人群中前行。街边的路灯亮了，我的头发也亮了；北京的天很冷，而我的心更冷。

回家后，我按照兽医的说法把大蒜剁碎，然后均匀地抹在头上，30分钟后洗掉，吹干，然后关灯试效果。也不能说完全没效果，头发确实不发

---

① 形容另类的形象。

蓝光了，改为发绿光。

所以我需要提醒大家，如果有一天你在北京街头看到一位蓝发男子（晚上绿色）蹬了一辆三轮车，请一定要离他远一点。因为，他的头上有腊八蒜的味道。

二、气声与韵味感

塑造充满韵味感的配音风格，就需要适当结合气声来表达。在一些描写风景名胜的风光纪实作品中，气声的运用不仅可以细腻地展现美景，也可以充分地抒情，烘托气氛。气声与韵味感的有机结合，给人一种恰如其分的"入境"之感。

（一）体悟韵味感

在很多山水风光类纪实作品中，配音台词往往文采卓著，词句华丽，引经据典。这就需要配音者充分调动感官体验，对字里行间的意境、内涵、思想进行充分体会。此外，还要求配音者对诗词典故有一定的积累和感悟，结合诗词朗诵的语言表达方式，充分展现山水风光的韵味和魅力。

纪录片《大金湖》①描写了浩瀚碧水辉映着千岩万壑的赤壁丹崖景观，大金湖水上丹霞奇观享誉世界，囊括了众多令世界佛教高僧为之惊叹的水上天然大佛。

全片以抒情描写为主，用声自然松弛，虚实声结合，吐字圆长柔美，情感充沛真挚。注意文言文播读的韵味感。

丹霞天踪，碧水灵趣。亿万年的天地造化成就了大金湖这片景象万千的佛山秀水。清代诗僧释最弱曾赋诗曰："怪石都从天上生，活如神鬼伴人行。海之内外佳山水，到此难容再作声。"当今著名学者蔡尚思先生也惊呼："金湖，天下第一湖山。"

从金湖码头出发，随意搭上一艘游船，便可开始朝拜金湖水上天然大佛寺的奇妙旅程。首先映入眼帘的是一道飞瀑，只见茫茫烟雾中，水中观

---

① 附音频资源 5-2-1。

音在彩虹间若隐若现，预示着这座水上天然大佛寺的神奇。

青山环抱，钟灵毓秀，这就是始建于 1132 年的醴泉岩寺，当年乾隆皇帝微服私访就曾路过此地。天光一隙中，一股清泉从天而降，正是"石隐天开面，泉来月有声"，令人叹为观止。

（二）气声适度

气声的运用要讲究分寸尺度。过量的气声，音色太假，给人以不真实、不可信之感，而且会产生气流摩擦噪声，效果适得其反。因此，在纪实配音中，要在充分理解和把握全片的基础上，合理地使用气声表达。

在纪录片《航拍中国》中有很多景色描写与风土人情相结合的叙述，在配音时可以根据内容的变化进行虚实声成分的调整，叙事时实声成分较多，抒情时虚声成分较多。全片以空中视角俯瞰中国，采用"一镜到底"的手法，展示中国大美自然景观和丰富多彩的生态环境，彰显经济建设的辉煌成就，揭秘"中国奇迹"背后的创新动力，让世界分享中华文明的博大精深。

《航拍中国》以高空摄影的开阔视角，呈现祖国的自然风光，节奏轻快，风格大气，尽显大国风范，令人心驰神往。解说词内容以描写、抒情为主，吐字圆润轻柔，用声柔和，节奏舒缓，虚实声结合，多用中低音，声音不可过高过实。本片段选自《航拍中国（第二季）·江苏》①。

① 接下来的飞行之旅，我们将环绕寒山寺，听千年古寺的晨钟暮鼓。穿越一座城市，赏江南最具代表性的私家园林，再飞抵阳澄湖，捕一网肥美的大闸蟹。

② "园林之城""东方威尼斯"已不足以形容今天的苏州。苏州，已成为全国排名仅次于深圳的第二大移民城市。新的产业，新的科技，新的风貌，吸引着无数心怀梦想的人们。

③ 枫桥旧名"封桥"，因漕运夜间封闭此桥，禁止船只通行而得名。枫桥边的寒山寺，距今已有 1 400 多年的历史，妙利普明塔院是它最初的

---

① 附音频资源 5-2-2。

名字。寒山寺真正变得家喻户晓，还是源于唐朝书生张继写的一首流传千古的诗篇。"姑苏城外寒山寺，夜半钟声到客船。"伴随着这首《枫桥夜泊》，妙利普明塔院的钟声回响着寒山寺的别样诗情。

④ 千百年中，江南兴旺的百业，与中国人天人合一的心灵诉求，成就了这些园林。拙政园始建于 1509 年，是明朝一位卸任官员的私家园林，他请来当时最著名的江南才子文徵明参与设计，以文人的审美情趣勾勒出园林的整体布局。

⑤ 苏州园林大多引活水入园，通过特别设计亭台楼榭、小桥和廊道，再辅以精心布设的花木和山石，在闹市中营造出山水田园的丰富空间。移步换景，自在，悠然。朴素的院墙之内，藏着主人对山水和家园的品味与情怀。

江苏，东临黄海，地跨长江、淮河两大水系，长江和京杭大运河呈十字形贯穿江苏。境内河湖众多，是中国平均海拔最低的省份，平原和水面的占比均位列全国第一。本片段选取了江苏最具江南风情的苏州城，介绍了苏州的现代社会风貌以及著名的寒山寺和私家园林，展示了苏州深厚的历史文化底蕴与耀眼的经济发展成绩，体现了苏州经济、历史、文化的强劲实力。

第一段是对"江苏篇"中"苏州"分段的概括，要有总括之感，体现承上启下的语气。画面呈现的是一段动画，介绍了飞机飞行的具体航线，标注出三个重要地标，分别是寒山寺、苏州园林和阳澄湖，要作为重音处理。配乐轻巧明快，解说也要愉悦轻快，用声稍高，语势上扬，体现热情和亲切之感，带着对江南景色的心驰神往。

第二段描写的是苏州的现代发展。画面呈现的是苏州工业园区，节奏较快，带着现代感和商务感，吐字较为干脆有力，"第二大""产业""科技""风貌"做重音处理。配音要带着对苏州日新月异发展的自豪感，以及对未来充满期望的朝气感。

第三段是对枫桥及古诗《枫桥夜泊》的介绍。此时画面转到夜幕降临时枫桥及寒山寺的绝美夜景，节奏舒缓，声音适当放低，语速放慢，讲述带有古韵之美。

第四段讲述拙政园的由来。画面转到了苏州园林，言语质朴，亲切陈述，节奏较缓，娓娓道来。注意拙政园的"拙"读一声。

第五段介绍苏州园林的设计布局。配音以解释说明的语气展开，言语细腻生动，将苏州园林的艺术审美展现给观众。

三、低声与历史感

配音创作是结合视频画面进行的，而在纪实配音中画面往往占据主体位置，配音则是在配合画面的基础上进行创作的。一般来讲，纪实配音的发声位置相对较低，给人一种"向后退一步"的位置感，以突出画面所展现的内容。尤其是一些历史故事类纪实片，可以用较低沉浑厚的音色、有力的吐字、沉缓的语气，达到低声与历史感的结合。

纪录片《中国通史》从中华文明的起源开始，一步一步向观众展现了历朝历代的荣辱兴衰，既有对中华文明和传统文化的赞美与褒扬，也有对历史教训和国家灾难的反思与总结。其中，《中华祖先》一集从几处考古挖掘现场入手，向观众展示了远古先祖们一步步脱离动物行列，从解放双手直立行走，到学会制作和使用工具，再到学会使用火的经历。配音时要带着对祖先百折不挠精神的崇高敬意和对中国未来的无限信心。

① 梦想，人类前行的动力。从远古到现代，从蒸汽机到互联网，人类社会发展的历程，也是追寻梦想的历程。我们拥有世界上最多的人口，也有着最古老的文明，我们有过辉煌，也曾经历苦难，但是，梦想一直照耀我们前行。今天的中国，正以前所未有的速度前进。我们在铸造新的辉煌，这是一个充满机会与梦想的时代。铭记梦归处，不忘来时路，我们将带您回到远古，聆听我们祖先最古老的故事。

② 从内蒙古草原到云贵高原，从黄河流域到长江流域，这是一个美丽的中国，遍布着祖先的脚印。我们的远古先祖脱离动物界时，几乎一无所有，但他们无所畏惧，手握石器，勇敢地在大地上留下脚印。他们在寻找光明与未来的方向。

③ 当泥河湾人、元谋人、北京猿人、崇左人、山顶洞人，在华夏大地上匆匆行走时，中国即将进入一个伟大的时代。他们用集体的智慧和辛勤

的汗水，渡过一个又一个难关，最终迎来了新石器革命的到来和中华文明的曙光。

纪录片《故宫 100》配音有男声和女声，此段为女声配音。配音风格大气端庄，语气平缓却又带有细微变化，讲述色彩浓郁，将故宫的故事娓娓道来。语速偏慢，声音大气沉稳，吐字清晰、圆润饱满，音量不大，发声小而实。本片段选自《故宫 100·皇家选秀》。

① 这道门，改变了无数女子的命运。"恭顺"与"忠贞"是门的名字，也是走过这道门的女子们必须恪守的训诫。这是鲤鱼跳龙门的起点，也是冰火两重天的界碑。

② 这张照片，拍摄于清末光绪年间，列队站立的小姑娘是清宫的应选秀女。中国历代君主，都要选择美女充侍后宫。清代皇帝与以往不同，创立了独特的选秀女制度，上至皇后、下至宫女都是在旗人女子中挑选的。从清宫为数不多的几张照片来看，秀女与我们印象中的后宫佳丽相去甚远。

③ 这条路是秀女进宫之路，由最北边的神武门进入紫禁城后，这些稚气未脱的少女会在顺贞门前停下。顺贞门是神武门通往内廷的重要通道，无故禁开。

《故宫 100》用每集 6 分钟的时长讲述了故宫 100 座建筑的命运，呈现故宫的历史、现状和未来。该片通过 100 个空间故事，建构了故宫的全息建筑影像系统，演绎了紫禁城建筑的功能、意象及美学价值，将中国文化的普遍意义展现给世界。《皇家选秀》一集讲述了曾在故宫内发生的选秀故事。以留存的老照片还原当时的场景，以顺贞门为界，分成门内与门外的世界，展现了当时宫女在皇宫任期内的境况。总体来说，本段的语气与感情没有大起大伏、大悲大喜，在平缓中有所起伏，在平淡中有所突出。感情细腻，引人入胜。

纪录片《玄奘之路》讲述了佛教高僧玄奘的一生，以玄奘的视角描述和渲染了大唐的文化现象，介绍了佛教与丝绸之路的起源与发展。整部作品的风格基调是庄重深沉的，充满了历史的神秘感和异域风情。配音用声饱满低沉，虚实声结合，吐字有力，节奏沉缓。本片段选自《玄奘之路·乱世孤旅》。

① 公元 7 世纪，一个大唐的僧人踏上了丝绸之路，他要前往遥远的西方，寻求佛法。大漠雪山，他命悬一线；城堡森林，他九死一生。怀着坚定的信念，他终于抵达心中的圣地。

② 19 年时间，110 个国家，50 000 里行程。在异国的土地上，他被奉为先知，在佛陀的故乡，他成为智慧的化身。因为他的缘故，大唐的声誉远播万里，就连他脚上的麻鞋，也被信徒供为圣物。然而，他放弃了一切荣耀，依然返回故土。

③ 他翻译的佛经，达到了 47 部，1 335 卷，这是一个前无古人、后无来者的成就。他离世的时候，大唐的皇帝悲痛不已，百万人哭送。

④ 几百年之后，历史逐渐变成了传奇，传奇慢慢地变成了神话，一只神通广大的猴子，带着一头猪和一匹马，保护着斯文儒弱的师父去西天取经。经过几百年的艺术加工，这个叫孙悟空的徒弟成为故事的核心，而师父唐僧已经"面目全非"。在《西游记》成为文学经典的同时，人们渐渐淡忘了唐僧的本名——玄奘，真实的玄奘越走越远，只剩下一个轮廓模糊的背影。

⑤ 《大唐西域记》由玄奘本人口述、弟子辩机笔录而成，详尽地记述了他 19 年西行的历程。《三藏法师传》由玄奘的弟子慧立和彦悰撰写，真实地讲述了玄奘的一生。在 1 300 年之后，让我们根据这两本著作，穿越时间的迷雾，从神话回到真实，从唐僧回到玄奘。

这一片段交代了玄奘的身世和其所处的时代背景。玄奘年少丧父，后来同哥哥一起剃度，出家修行，在佛学上有很高的造诣。而随后爆发的战争，让玄奘决心南下，一心求学，想要彻底读懂佛法。佛的本性是什么？凡人能否成佛？佛教典籍中没有明确答案，也没有一个高僧的解释令玄奘信服。对此，玄奘产生了迷惘。玄奘前往佛学的发源地印度，寻求佛法。而此时大唐因为战争，实行禁边政策，严禁大唐百姓外出，玄奘的西行计划被官方否决。尽管如此，玄奘的决心并没有动摇，即使会被官方通缉，他还是毅然决然地踏上了西行之路。玄奘一路走到了瓜州，接下来他将面对的是茫茫无垠的沙漠。

四、轻畅与满足感

当代社会物质充盈，生活富足，人们对生活品质的追求越来越高，美食类纪录片创作也如火如荼地展开。美食类纪实的配音特点，是以中声区为主，用声松弛自然，语调平和，少大起大伏，情绪积极、享受，气息畅达，节奏轻快，风格生活化，配音时带着对美食的渴望与满足。

近年来，美食类纪录片与大众生活文化联系密切，吸引了越来越多美食爱好者的关注，在网络领域也开辟出一片新天地。《人生一串》《风味人间》《早餐中国》等一大批美食类纪录片诞生于网络视频平台。相较于《舌尖上的中国》等传统媒体播出的美食类纪录片，新一代美食类网络纪录片在个性化、互动性和趣味性等方面有了新的突破。配音作为美食类纪录片创作的重要组成部分，能够提升受众的听觉体验，达到更好的传播效果，也呈现出一些新的特性。

《人生一串》是网络视频平台出品的美食类纪录片，其以独特的叙述视角和拍摄手法，展现了我国各地独具特色的烧烤文化。2019年推出的第二季播放量高达一亿。作品以烧烤文化为主题，极具市井气息，把镜头从庙堂拉至寻常摊铺，真实地展现烧烤的乐天内涵与江湖风味，讲述那些发生在深夜里的平凡却动人的故事，带领观众去探寻街头巷尾的饕餮盛宴和人情味。

总导演陈英杰的解说，基于个人声音特色和网络环境特点，塑造了一种有个性、有"网感"的配音，受到了受众的喜爱。本片的配音基调是愉悦畅快的，配音风格是自然接地气的。语气平和，以中声区为主，语势多上扬，节奏轻盈。在介绍不同地域的代表性烧烤时，语势多变化，起伏层次明显，语言细腻生动，听来令人垂涎三尺。在叙述烧烤背后的人文历史时，配音沉稳大气、质朴自然，有回忆之感。本片段选自《人生一串（第二季）·吃不吃辣》。

① *每天清晨，一场身心愉悦、令人兴奋的劳动，必须为袁师傅安排。*

干辣椒、菜籽油，小火快炒，不能炒煳，还要逼出辣椒自带的香气。手法和节奏，自然都是苦功夫。但袁师傅对辣椒爱得热烈，乐在其中，戴上口罩，也只是避免自己过于沉醉。

② 油辣子辣在油里，香在籽儿里。手工捣辣椒，不同于机器磨的辣椒面儿，木杵的锤击和摩擦，可以在保持辣椒籽完整的同时，最大程度释放辣椒的香气。往往这个时候，袁师傅就会情不自禁，摘下口罩。常温的生油搭配炒熟的辣椒，这正是袁师傅制作油辣子的独特之处。生油把辣椒的香味和辣味充分包裹、封存，只等晚上食客前来开启。

③ 天色渐晚，"缺辣患者"纷至沓来。她们的目标除了油辣子，还有一种被严重低估的鱼。耗儿鱼，又叫马面鱼，肉多刺少，作为地道的深海鱼，却很少被人当海鲜看待。只流行于川渝地区，是涮火锅的绝佳搭配。袁师傅对自己的红油辣子信心太足，就拿来烧烤，结果阴差阳错，成了本店招牌。于是等着吃鱼，也就成了小店常态。食客们天天风雨无阻，耗儿鱼也得常备常新。深海鱼几乎出水即死，市场里卖的只能是冻品。在重庆，耗儿鱼消耗极快，这些冻品实际也是打捞不久。在弹子石菜市场，店里王姐进行着她的日常采购。与此同时，袁师傅在店里也开始了自己的日常美容。

④ 刷油上炉，中火慢烤，烤到表皮焦黄，趁热在油辣子里打个滚。再继续浇洒，鱼的温度激发了油辣子的香味。红油则滋润了鱼肉，渗透了辣味，最后撒上足量的花椒，麻辣双修，这是重庆版的快感叠加。烤好的耗儿鱼，表皮香脆入味，鱼肉厚实滋润，蘸着散落的油辣子，大麻大辣，味厚香浓。

第一段开门见山，以"拉家常"的方式开篇，娓娓道来，带着积极美好的情绪进行讲述。介绍了袁师傅制作油辣子的详细过程，表现了袁师傅对辣椒的熟悉和喜爱。第二段讲述油辣子的制作细节，表达生动细腻，整体语速放慢，加强叙述的感觉。注意重音的运用，从而更好体现油辣子香和辣的特点。第三段讲述耗儿鱼时，要注意细腻的描写和语言的变化，语速可适当加快。第四段是一个小高潮，语势起伏增强，应将"刷""烤""打个滚""浇""洒"等动作表现得淋漓尽致。结尾一句，语气转为平实自然，语速放慢，虚实结合，突出耗儿鱼的香浓美味。

近年来，美食类纪录片如雨后春笋般涌现，尤以《舌尖上的中国》为代表，美食类纪录片的配音也给受众留下了深刻的印象。本片段选自《舌尖上的中国（第一季）·厨房的秘密》①。

要在数量上统计中国菜的品种，在地域上毫无争议地划分菜系，在今天，是一件几乎不可能完成的事。

除了食材，更重要的是烹饪。火候的拿捏、佐料的配比、刀工的精妙，在中国的厨房里，藏匿了太多的秘密。

在扎西家阴干陶器的小屋里，悬挂着腌肉，藏族人叫它"琵琶肉"，它们已经在这里晾了大半年。新鲜食材弥足珍贵，许多食品都像这样处理，便于长期保存。

午餐是为了犒劳邻居们，尼西乡的人们都要给青稞地施肥，为了不错过最佳时机，各家互相帮忙。

在今天，他们的耕种方式、生活习惯，依然保持着原样。

美食类纪录片《舌尖上的中国》讲述了人与美食背后的温情故事。中国丰富的自然资源带来了多样独特的小吃品种。这些食物往往就地取材，最能体现当地特色，也最令人回味无穷，在中国饮食文化中具有旺盛生命力。小吃浓缩了一个地域的风土习俗，成为别致的地方民俗符号，体现着当地物质及社会生活风貌。

《舌尖上的中国》的配音基调是温馨平和的，用声高度适中，语调自然，语势变化细腻，节奏轻快，用声的弱控制细致入微。解说员李立宏好似一个娓娓道来的美食智者，讲述美食中不为人知的奥妙，耐人寻味，语气亲切，颇似邻里聊天，交流感强。他的配音具有鲜明的身份感和个性风格，台词华美，令人回味无穷。本片段选自《舌尖上的中国（第三季）·香》②。

① 每天清晨，董官村都是在木翠的叫卖声中醒来的。董官村位于云南

---

① 附音频资源 5-2-3。
② 附音频资源 5-2-4。

省腾冲市，亿万年前，在亚欧板块与印度板块的激烈碰撞下，塑造出中国西南边陲壮阔的自然景观。几个世纪以来，腾冲先民用扁担和马帮开辟出连接外界的崎岖古道，成为中国通往东南亚的重要驿站。在乡音的缭绕中，稀豆粉被送到了千家万户。这种用豌豆做成的稀豆粉里，有着腾冲人对家乡的眷恋。

② 豌豆喜欢光照，根系深，对土壤适应性强。只需撒在并不肥沃的坡地上，就可以自然生长。木翠和丈夫祥元，每天都要将浸泡了十个小时的豌豆磨浆。据说稀豆粉最早出现在明朝洪武年间。中原来的人带来了食物加工的技术，将豌豆磨成粉，创造出稀豆粉这道美食。第一次研磨叫"头浆"，比较浓稠。沉淀分离两小时后，再将头浆分出一半，进行第二次研磨。第二次磨好的，被称为"清浆"。

③ 在锅中倒入油，这样在熬制稀豆粉的过程中不会粘锅。加入清水，倒入清浆，煮沸后，将头浆最浓稠的部分，分多次加入、煮沸。这道工序俗称"上浆"。煮浆的过程中，火候是关键。火大容易煮糊，火小则容易凝固。木翠和祥元默契地知道什么时间该添柴用大火，什么时候去柴用小火。整个煮浆的过程需要用木棒不停搅拌，否则会结块。中火搅拌一个小时后，直到豆粉可以连成线，就说明浓稠合适，制作完成。

《香》以木翠和祥元的故事为背景，介绍稀豆粉的来源和制作过程。俗话说，一方水土养一方人，稀豆粉这种小吃与董官村的地理位置、马帮、扁担息息相关。"在乡音的缭绕中，稀豆粉被送到了千家万户。这种用豌豆做成的稀豆粉里，有着腾冲人对家乡的眷恋。"

《沸腾吧火锅·重庆火锅》从一家老火锅店入手，从毛肚火锅的食材、制作与吃法等角度详细介绍了重庆的火锅文化及当地的风土人情。本段纪录片的整体风格是喜悦明快的，配音基调是轻松诙谐的，以小而实的声音来讲述，娓娓道来。

① 把火锅分成九宫格是重庆人的发明。如今，九宫格是老重庆人掌握涮煮火候的机关。一上锅，先丢一把小葱和豆芽，这两种个性鲜明的食材只需滚上几十秒，便可将底味彻底唤醒。紧接着，需要长时间涮煮的牛

肉、肥肠、老肉片等，被安排在温度稍低的十字格区域。80 到 90 摄氏度的水温能够保证食材内外被均匀煮熟。而在中心格，锅水滚烫，正适合涮煮不超过 20 秒的脆爽食材。最后，对偏门食材的喜爱最终将普通食客和老饕区分开来。

②脑花除去水分，87%由脂肪和蛋白质组成。它的质地就像海绵，可以将混合着各种食材香气的滋味统统吸纳进去，入口即化，是如同慕斯般的口感。

③吃猪脑花的习惯流行于中国西南和华南沿海一带，其他地方则很难见到。在吃与不吃的背后，是中国大地上各自迥异又各领风骚的饮食习惯。

第一段，用轻松明快的声音来介绍九宫格火锅及食材，节奏舒缓，语气轻松。第二段，介绍脑花的构成及美味程度，带着轻松愉悦的心情，节奏舒缓，语气轻盈顺畅，有美食入口的感觉。第三段，引出美食背后的不同地域文化，语速稍慢，虚实声结合，声音较之前偏低，节奏稍缓，有感慨赞叹之意。

五、夸张与趣味感

提到动物类纪录片配音，很多人会想到《动物世界》中赵忠祥老师那悦耳的嗓音和灵动语调。在动物类纪录片中，配音非常关键，优秀的配音员可以让观众觉得仿佛动物在说话，生动形象的语音和语调，夸张有趣的叙述和表达，都是动物类纪录片配音不可或缺的因素。

动物类纪录片《我们诞生在中国》[①] 讲述了在中国生长的四川大熊猫、三江源雪豹与川金丝猴三种野生动物的成长故事，在幽默和欢笑中有着对成长的不舍和感动。严酷的自然环境和天敌的威胁，都无法阻挡这些野生动物从出生伊始就追随自己种族千万年的生命轨迹，完成自然的轮回。

全片的开端是熊猫丫丫和女儿美美的故事，展现了动物世界中母亲的爱女之情。美美渴望尽早挣脱妈妈的束缚去拥抱未知的世界，妈妈不可能

---

① 附音频资源 5-2-5、5-2-6。

呵护女儿的一生，总有一天要给美美自由。经过几次努力尝试，美美凭借自己的力量爬上了树顶，即将告别丫丫的怀抱。丫丫的眼神中既有欣慰又有忧伤，完美后代孕育的成功总是要面对依依不舍的离别。母爱依旧，越是离家，越是思念。

该片以讲述动物世界的故事为主，生动活泼，细腻温情。配音要体现生动形象的讲述感，语气亲切，节奏多变，张弛有度，感情真挚，表达追求口语化。其中，旁白的第三视角要与动物角色的第一视角切换自如。旁白要厚实沉稳，展现出对这片土地的热爱。动物角色的第一视角要俏皮灵动，鲜活生动，气息和语气灵活多变。注意旁白和动物二者之间的区别与联系，把握整体的统一与变化。

① 中国是一片神奇而又神秘的土地，它广袤无垠、变化万千。从东部沿海平原穿过高山和森林，再到青藏高原，无数生命诞生在这片辽阔的土地上，每一个生命都是这壮美诗篇的一个音符，这些生命用爱、离别和希望滋养并构成了一个包罗万象的生态圈。我们的故事发生在远离人们所熟知的繁华都市，是一个关于丹顶鹤、大熊猫、藏羚羊、金丝猴和雪豹的故事，它们共同的家园叫中国。

② 淘淘家的隔壁，山的另一边，是一片郁郁葱葱的竹林，那里生活着悠闲自得的大熊猫，它叫丫丫。大熊猫和金丝猴刚好相反，他们对惹是生非没有兴趣，只想一个人安安静静地吃东西，或者发呆，然后挠痒痒，在不同的地方挠各种痒痒。早起把自己收拾利落以后，丫丫急迫地回到了自己的巢穴，回到了它现在最割舍不下的宝贝儿身边，这是它新出生的女儿——美美。除了养育孩子的这个阶段，成年雌性大熊猫几乎终生过着独居的生活，所以对丫丫来说，这是它生命中最宝贵的时光。母女俩将在巢穴里一起度过数月的时间，然后回到外面的广阔世界，开始真正的旅程。

第一段是整个纪录片的开始，介绍中国这片土地的辽阔和生命诞生的多样性。配音要带着对家国的热爱与自豪之情，用声低沉厚实，节奏沉缓。配音时抓住"无数生命""爱""离别""希望""中国"几个重音词。

第二段讲述熊猫丫丫和女儿美美的爱与独立的故事，展现了动物世界中母亲保护女儿的爱女之情。配音要带着对大熊猫憨态与呆萌的喜爱之情，在讲到熊猫女儿美美的出现时，要带着对一个新生命诞生的由衷喜悦。语气生动温馨，充满爱和感动。

动物类纪录片《猫头鹰历险记》介绍了不同种类猫头鹰的捕猎习惯和生存现状，分析了猫头鹰数量锐减的原因。本片段讲述了一只无家可归的仓鸮被迫踏上寻觅新家旅程的故事。一路上，这只仓鸮遇到了许多同类，包括短耳鸮、长耳鸮、长尾林鸮和纵纹腹小鸮等，虽然它们同出一家，但是这些同类对待它的态度却迥然不同。

本片段节奏舒缓轻快，吐字轻巧，有兴致，有情趣，言语细腻亲切，感情真挚，甜美柔和。配音用声音量不大，小而实，以收为主，咬字幅度适中，出字灵活集中，口腔开度适中，语流畅达，语势以小波浪为主，灵活生动，以激发观众的收看热情。在讲到农场的现状和动植物们对废弃农场的物尽其用时，语气要恬淡闲适，展现一幅美好的景象。讲到仓鸮心爱的谷仓要被拆掉用来建造现代钢结构建筑，很多小动物失去了家园时，要带着惋惜和同情，声音稍显沉重。

在奥地利的威非尔特，许多旧农场早已人去屋空，废弃多时。年久失修的房屋很快被动植物们物尽其用，常春藤努力爬上破败的墙壁，尽情享受着阳光，幽暗的房间内住着另一位房客，也就是仓鸮。

仓鸮，顾名思义，是一种需要庇护所的猫头鹰，对于习惯了在山洞和崖边栖息的仓鸮来说，谷仓是理想的替代住所。可是随着木质谷仓日渐稀少，这种行踪隐秘的猫头鹰，正在濒临灭绝。主要在夜间活动的仓鸮，拥有极其敏锐的听觉，圆盘形的面部能将声音集中汇入羽毛下的耳朵里，但此时用不着敏锐的听觉。仓鸮察觉到危险逼近，最后一次离开了家。现代农业工业化的发展，使许多动物丧失了家园，仓鸮虽然躲过一劫，可是接下来呢？这里即将竖起一座现代钢结构建筑，仓鸮变得无家可归，而它需要安全的住所生存，它必须找到一个新家。

【纪实配音训练 1：《货币》片段①】

训练提示：请用恰当的配音风格为以下纪录片台词配音。

它在今天人们的心中，仿佛是空气、是水、是阳光，是陪伴人一生的东西。那么它到底是什么呢？

地球的生命是 45.6 亿年，人类的生命是 250 多万年，它的生命是 5000 多年。它在美索不达米亚平原的泥板上，它在亚细亚海边的贝壳里，它在太平洋岛的石头上，它在印第安人的珍珠项链里。

它阳光，成就了一切的一切，让自由成为自由，让财富成为财富。它冰冷，定义了今天的格局，让欲望成为欲望，让战争成为战争。

如果将人类的 250 万年压缩成 24 小时，那么它伴随人类不足 3 分钟，人们知道它从哪里来，但不知道它到哪里去。它，就是熟悉而又陌生的货币。

【纪实配音训练 2：《七个星球一个世界·南美洲》片段】

训练提示：请用恰当的配音风格为以下纪录片台词配音。

① 每座山谷，都蕴藏着独一无二的野生动植物。

② 其中一种，被人称为"匹诺曹安乐蜥"。50 年前，它在这里被人们首次发现，但后来又消失了。直到最近，人们才再次有所发现。

③ 这里还生活着一种极其罕见的生物，就连专程到此研究的科学家也难得一见。它就是——眼镜熊，现存数量仅有几千只。

④ 它们主要吃树叶和水果，经常会爬到树冠顶端觅食。

⑤ 它正在寻找一种小巧的鳄梨，这里离地 30 米高。这种果实，生长在最细的树枝上，但细嫩的枝条无法承受一只熊的重量。

⑥ 一只更有经验的眼镜熊出现了，它想试试身手。

---

① 附音频资源 5-2-7。

第三节　商业配音

广告，已经成了现代社会生活中常用的传播与交流手段。自古以来，人们在社会生活中沟通交流，信息互通有无，有千丝万缕的联系。"广告是人类信息交流的必然产物。商业广告随着商品经济的出现而出现，随着商品经济的发展而发展。"① 网络商业广告来势迅猛，影响广泛。如今，只要打开手机，就可能随时随地被动接收各种网络商业广告。

口头广告，是我国古代最早出现的广告形式。商贩走街串巷，高声叫卖，招揽生意。叫卖声高低起伏，有长有短，语气腔调各异，给街坊邻里留下了深刻印象。至今我们偶尔也能听到一些经典的叫卖声，那五花八门的腔调久久回荡。这样的口头叫卖方式，可以理解为广告声音的前身，其响亮、个性、多样化的特征，也是广告配音的必要元素。

"广告是付费的信息传播形式，是广告主有计划地通过媒体传递商品或劳务信息，影响消费者的态度和行为，以促进销售的大众传播手段。"② 首先，广告是一种商业行为，是有计划的大众传播方式。其次，广告是通过媒体来策划和传播的商业艺术形式。再次，广告必须准确传达信息，努力说服广大消费者。

曾被誉为"四大媒体广告"的报纸广告、杂志广告、广播广告和电视广告风靡一时，备受关注。而如今随着媒体技术的发展，网络广告应运而生，方兴未艾。网络广告具备电视广告集视觉与听觉于一体的特点，并且可以实现精准投放，时长更为自由，具备新媒介的广告传播优势。

商业广告配音，"以语音为媒介，将广告所要传达的信息转变为有声语言，在听觉上给受众以刺激，塑造出真实可感的产品形象"③。而网络商业广告配音，是以广告配音技巧为基础，结合网络个性化的需求展开，表达形式更加多样。网络商业广告配音有其创作特征。

① 曾志华. 广告配音教程［M］. 北京：北京大学出版社，2007：2.
② 曾志华. 广告配音教程［M］. 北京：北京大学出版社，2007：7.
③ 曾志华. 广告配音教程［M］. 北京：北京大学出版社，2007：39.

第一，生动形象，直观性强。网络商业广告延续了电视广告视听兼备的特点，以画面吸引受众的观看兴趣，以声音展示商品的功能特点，真实化地呈现商品的使用过程，突出展现商品的特征，为受众留下温馨和谐的使用印象，直观性强。网络商业广告配音创作要充分考虑画面因素，尽量做到贴合画面，声画一体，浑然天成。

第二，音色跳脱，冲击力强。网络商业广告不仅塑造鲜明生动的商品形象，而且画面和声音节奏往往轻快紧凑。创作者要以跳脱明朗的音色吸引受众的注意，以鲜明活泼的风格激起受众的消费欲望，冲击力强。

第三，个性释放，针对性强。网络商业广告具有差异投放、覆盖面广的特点，可以依据受众的上网习惯进行大数据分析，为受众量身定制广告内容，从而针对不同受众的需求和兴趣进行差异化的广告投放，针对性强。因此，网络广告配音要求创作者更加注重受众个体化差异，有针对性地进行网络商业广告配音创作。

一、动感跳脱式

动感跳脱式的配音风格多运用于美食与饮料类商业配音。其配音目的是突出美味优质的口感，引起受众的食欲，让人垂涎欲滴。配音时要带着兴奋饱满的情绪，语调多偏高，语势多上扬，音色多明亮悦耳，节奏多欢快轻松。在展现商品细节时，语气要生动形象、细腻多变，画面感丰富。

在声音的年龄感方面，动感跳脱式配音风格大多采用年轻的声音形象，男女声均可配音。音色要像银铃般脆响，像溪水般欢快，体现出年轻人朝气蓬勃的特点，动感十足，时代感强，以青春的魅力与活力激发起受众强烈的消费欲望。例如：

① 身体中的水，每18天更换一次。水的质量决定了生命的质量。我们不生产水，我们只是大自然的搬运工。天然的弱碱性水，农夫山泉。

② （画面：一大滴水经过一层层"过滤网"逐渐由大变小，经过27层，最终成为"乐百氏"纯净水。"过滤网"是由一行行说明生产纯净水工序的文字构成的）

为了您可以喝到更纯净的水，乐百氏人不厌其烦。每一项都经过严格净化，27 层净化，您会喝得更放心。乐百氏纯净水，真正纯净，品质保证。

③（背景音：蝉鸣起伏……）

男生：渴，渴。

女生：晶晶亮，透心凉。

男生：哇！

男生：哦，雪碧，当今生活，无论是宴会、旅游、运动……到处有你清凉的奉献！

（背景音和画面：孩子笑声，青年欢乐声；摩托艇驶过；一个海浪，又一个海浪）

女生：雪碧。

④ 香飘飘奶茶，推出更好喝的新产品。香飘飘红豆奶茶，一颗颗又香又软的红豆，让奶茶更好喝！香飘飘红豆奶茶，有红豆，更好喝！

⑤ 孩子们每天都在争取做到更好，但成绩的取得要靠长期不吃力。做妈妈的更应关心孩子的健康，帮助他们获得成功。大家都知道，牛奶对孩子的健康是很重要的，很多营养学家建议孩子每天要喝一杯牛奶。可我的孩子不大爱喝牛奶，为此，我请教营养学家，他建议在牛奶中加"高—乐—高"。因为高乐高中含有多种维生素、钙、磷等成分，加在牛奶中使牛奶的营养更加丰富，尤其是那鲜美的味道，孩子们特别喜欢。

现在每天早上，我都给孩子喝牛奶加高乐高，这样啊，我的心里就踏实多了。其实，高乐高冲起来非常简单，放两勺高乐高，加少量牛奶搅匀，再倒满牛奶搅拌就可以了。瞧，孩子喝得多开心！

男童：高乐高，棒极了！

⑥（画面：整个制作薄饼的工艺流程。画面色彩明丽，特写镜头、特技手法多，看起来美味诱人）

片片追求完美，嘉顿香葱薄饼当然有所坚持。要有适当的厚度，才能够薄够脆；要有精选的香葱和芝麻，味道才能恰恰好；要有恰到好处的烘烤过程，才能金黄香脆。嘉顿香葱薄饼坚守上述原则，片片干香松脆，带来优质享受。嘉顿薄饼，片片讲究，薄饼典范。

⑦（画面：女孩在做算术，3+1=？女孩摇摇头，不会。爸爸在一旁不断启发女孩，道具就是喜之郎果冻布丁）

歌曲：快乐健康，美味营养，伴你健康成长。

　　　喜之郎，喜之郎，每一声欢笑与你共享。

旁白：果冻布丁——喜之郎！

片段①②是矿泉水广告，配音风格以清爽纯净为主。

片段②"乐百氏纯净水·过滤篇"，抓住消费者注重品质的心理，通过男声表达理性诉求，音色朴实，语速舒缓，表达准确，说服力强，将"27层净化"这一广告主题清晰地表现出来。最后是广告口号："真正纯净，品质保证"，稍稍加强吐字力度，语气中蕴含坚定的保证。

片段③④⑤是饮料广告，配音风格以欢快明朗为主。

片段③"雪碧"，注重产品形象的塑造，个性十足，令人印象深刻。广告环境设计在夏日的海边，采用童声、女声、男声三种类型的声音形式，以及独白、旁白两种声音的表达方式，表现了当今生活处处有雪碧。

片段⑤"高乐高"，从必要的育儿知识讲起，希望给更多的妈妈带来实惠与方便。配音以主观讲解为主，采用和缓耐心的女声音色。附以营养学家的建议，说明其科学性和严谨性。耐心仔细地介绍添加高乐高的具体量数、冲饮方法，语速不急不慢，体现知心与爱心。温柔的女声音色能极快地引起电视机前妈妈们的认同。这段广告虽长，但不觉累赘。配音要注意各层次之间的逻辑链条和语气的转换。

片段⑥"嘉顿薄饼"，衬着圆舞曲的优美旋律，主角薄饼以及作料香葱、芝麻都在翩翩起舞。可以选用醇和的男声配音，节奏不紧不慢，紧扣画面。尤其在解说嘉顿薄饼所坚持的几条原则时，语气不温不火，风格大气，与广告明丽典雅的风格相吻合。

片段⑦"喜之郎果冻布丁"，展现的是爸爸与女儿的父女情深，风格温馨美好。最后一句旁白"果冻布丁——喜之郎"用的是又高又尖的孩童音色，重音放在"喜之郎"几个字上，表现出"我要"的迫切心理和孩子的单纯渴望，同时也加深了受众对品牌名称的印象。

【商业配音训练 1①】

训练提示：请以动感跳脱式配音风格，结合商业广告的具体内容进行配音。

① 喜之郎优酪果冻，酸奶般香滑，新口感，好享受。这香滑的感觉，我就喜欢。喜之郎优酪果冻，香滑忍不住。

② 鲜嫩番茄，爽脆生菜的清新世界；烹香培根，大块烤鸡腿肉的肉香诱惑世界。佐以健康燕麦，翠蔬清新与肉香满溢的双重美味，就在肯德基新培根鸡腿燕麦堡。现加入豪华午餐。

③ 雀巢咖啡，丝滑拿铁，柔滑如丝。你，还没有享受吗？迷你随想，新上市。

④ 赶走蓝色星期一，每天都是百分百新鲜的开始。阳光、空气、水果，味全每日C。每天新鲜过，每天喝水果。味全每日C，百分百纯果汁。

⑤ 福到！肯德基新春聚惠桶也到！看！桶里三个汉堡，辣堡、烤堡、川香双层堡，祝你招财进宝。还有三种鸡翅，辣翅、烤翅、藤椒麻香翅，愿你展翅高飞。肯德基新春聚会桶，更多甜点、小食、饮料，美食多达12款，更省45元！省45元，财运到。生活如此多娇！

⑥ 抱抱，抱抱，抱抱。抱抱我，抱抱果，红枣加核桃就是抱抱果。百草味抱抱果。

⑦ 喂，带着可爱多来见可爱的你，可爱多巧克力口味冰激凌，咔哧咔哧，甜筒美妙松脆。嗯，太可爱，让我先咬一口吧！简单一点可爱多了。扫码赢大奖。

⑧ 世界名牛安格斯，天生雪花纹理只为抵御严寒。现麦当劳百分百进口安格斯牛肉，特质3：7肥瘦比，还原安格斯肉质，现点现制，更多汁，厚制16毫米，更满足。安格斯厚牛培根堡，芝士堡，就在麦当劳。

⑨ 大家在争什么？众人皆醉我独醒，举世皆浓我独清，无奶精、无色素、无香料、无负担的小文轻奶茶。小文，轻奶茶，轻新上市。

---

① 附音频资源 5-3-1 至 5-3-10。

⑩ 细腻是触碰微妙，发现心动的味道，更是甄稀微米级工艺带来的独特享受。甄稀，品味独特的细腻。

二、温馨平和式

温馨平和式风格往往运用于生活用品类商业配音。配音时往往理性与感性相结合，用理性分析展现产品的科学性，用感性体验展现产品的用户感受，给人以科学生活和幸福生活的温情之感。配音目的是突出生活用品的科学配方与实用效果，得到受众的认同并激发其购买欲。

温馨平和式风格大多由女声配音，声音特点多为轻柔文雅、明亮清纯、温馨和谐、甜而不腻。同时，要注意把握不同的产品类型和广告风格特点。强调科学性的生活用品广告，配音以实声为主，节奏偏快，吐字有力，用声厚实，给人短时高效之感。强调体验和感受的生活用品广告，配音为虚实声结合，可适当多使用虚声，音色甜美厚实，节奏舒缓，吐字轻柔圆润，缓缓道来，给人温馨幸福之感。例如：

① 护衣金纺，柔软到舍不得放手。点滴精致，源自你身。

② 我的奥妙人生，因为各种污渍，带来无限精彩。奥妙新酵素洗衣液，去除 99 种污渍，除菌、除螨、无碱性残留。奥妙新酵素洗衣液。

③（画面：一位长相普通、说话略带口音的少妇，面对观众，分享着她的经验）

旁白：奥妙，去污效果，有目共睹。

少妇：没有用奥妙的时候，衣领呀、袖口呀，特别难洗，我用小牙刷去刷，还是有一点点黄渍会留在上面。开始用奥妙，也是通过朋友介绍，她说奥妙洗得很干净。结果用下来，我确信它真的可以做到，很白、很干净。

旁白：奥妙，污渍、油渍不留痕迹。

少妇：我最注重的还是它的去污力。

④ 生命奇迹，在冬日上演。这一刻，它有了呼吸，有了心跳，变得温暖，开始不停生长。也许它并不完美，却永远充满惊喜，因为它不再只是房子，而是温暖的家。

⑤ 我喜欢，它那简洁单纯的风格，细腻柔滑的感觉。接触时，总让我怦然心动。高贵非凡的气质，瞬间的决定，它才是我一生一世。北欧风情。

⑥ 黑人超白，全新密泡小苏打牙膏。精选食品级小苏打，柔和绵密泡泡，覆盖牙齿表面，温和抛光，细致净白。黑人超白密泡小苏打牙膏，放肆亮白笑。

⑦ 挑战一来再来，但我决不让步，胜利非我莫属。面对头屑挑战也一样，选择清扬男士，爆发男士头屑战斗力。头屑反复，强力击退。新清扬男士，百分百男士定制。

⑧ 猫咪天生就敏感，女人就像猫一样敏感。高洁丝，给女人亲柔贴体的呵护。亲柔无忧，高洁丝。

⑨ 帮宝适发现，新生宝宝，最初用肌肤感知一切。在懂得洗澡之前，就感觉到水的清新；在学会抱抱之前，已经感受到柔软和舒适。挠痒痒，让他咯咯笑；大大的拥抱，令他安心。他还没看到，肌肤已经感受到阳光的温暖和微风的舒爽。在懂得言语之前，他已经感受到爱。从第一次肌肤接触开始，他就知道，你是妈妈。肌肤，开启宝宝感知世界的初体验。初感肌，需要最好的呵护。

⑩ （画面：男孩手拿一卷舒洁卫生纸和小狗逗趣儿，他炫耀着手中的纸）

小狗：舒洁呀？

男孩：你看，随手捏来都柔软，就是不给你玩。

（画面：小狗跑进卫生间，将纸筒上的卫生纸扯下，含在嘴里。小狗回到屋里，用纸将男孩"捆绑"起来）

小狗：真是又软又有韧劲儿的超级享受。

男孩：啊哦！

小狗：谁说我不能玩。

旁白：好柔好韧，全家信任。

片段①②③是洗衣用品广告，配音风格以和谐美好为主，理性与感性相结合。用理性分析来展现洗衣用品的科学性，用感性抒发来展现洗衣用品带来的生活品质与享受。本段广告主要由女声担任配音，声音明亮清纯、柔和温馨、阳光积极。

片段③"奥妙洗衣粉"，女主角相貌平平且未施粉黛，声音普通又略带口音，可就是这样一个普通人，让受众感觉她是生活在隔壁的邻居或朋友。声音风格朴实，切忌华丽矫饰。男声旁白的语气要郑重，不能随意，主题句"奥妙，污渍、油渍不留痕迹"应加强发声力度，彰显品牌气质。

片段④⑤是房屋家居广告，配音风格以幸福温馨为主，温柔美好的男女声均可。

片段⑤"丹麦家具"，画面上是一幅幅丹麦家具的实景图，柔和的灯光里家具的线条简洁流畅，造型高雅华贵，间或飘过一个婀娜的身影。画面外传来的男声语势下行，声轻气松，似乎是对恋人说着悄悄情话，优雅中更显深情。

片段⑥⑦是牙膏和洗发水广告，配音风格以理性干练为主。多用男声配音，音色积极明亮，节奏轻快，吐字充满爆发力。

片段⑧⑨⑩是卫生纸类广告，配音风格以轻柔舒缓为主。

片段⑩"舒洁卫生纸"，由孩子与小狗之间的对话组成，很风趣，符合孩子心理。小狗的配音为拟人化的孩童音色。孩子的声音形象自然是天真烂漫、活泼可爱的，多带些稚气、娇气，少带些霸气、傲气。少儿表演的广告应该由少儿担任配音，尽量不要由成人模仿孩子的声音。刻意的模仿令人觉得不自然、不真实，这不仅是音色上的不真实，更多的是对逻辑和内涵的理解存在偏差。孩子说话往往缺乏逻辑性，不能完全理解事物内涵，而这一点恰恰是很多成人难以"学"会的。

【商业配音训练2①】

训练提示：请以温馨平和式配音风格，结合商业广告具体内容进行配音。

---

① 附音频资源5-3-11至5-3-20。

① 打造净白，我信事实。黑人专业亮白牙膏，含 PS-mp 成分，祛除色斑，三倍效能，从源头净白。只讲事实，不讲故事，黑人专业亮白。

② 夏天会偷走肌肤的水分，如果全身像荔枝一样新鲜水嫩就好了。全新玉兰油水嫩柔润沐浴乳，有玉兰油脸部护肤的矿物水润精华，配合维生素 E，让全身新鲜水嫩。十天就能体验得到。夏天，肌肤也像荔枝般的新鲜水嫩。玉兰油水嫩柔润沐浴系列。

③ 陶醉的不止是琴声。心灵的颤动，惬意的暖流，柔滑的触摸。感动更在这一刻。呵护睡眠，一生有我。缘梦圆床垫，中国驰名商标。

④ 桐柏山，淮河源头，三源花生产区。南北气候过渡带，日照充沛。生态产业链，天然冷榨花生油，原色、原味、原生态。三源冷榨花生油，引领健康生活。三源。

⑤ 26 年来，无论你在何方，每年我们都把一份免拆洗的承诺送到你家。樱花吸油烟机，油网送到家，真正免拆洗。樱花，永久免费送网的创导者。

⑥ 我的奥妙人生，因为各种污渍带来无限精彩。奥妙新酵素洗衣液去除 99 种污渍，除菌除螨，无碱性残留。奥妙新酵素洗衣液。

⑦ 你怎么对待自己，世界就怎么对待你。衣物柔软，多一点温柔，你就能拥抱无间的亲密。护衣用金纺，柔软到舍不得放手，点滴精致，源自你身。金纺。

⑧ 做最闪耀的自己，你的秀发也要致美闪耀，力士柔亮洗发乳，蕴含 19 种氨基酸，补水加锁水，让秀发水润有光泽。耀出你的光芒，力士。

⑨ 不止清洁，潘婷排浊能量水，微米科技，净澈头皮浊质，组合焕入三重萃养，净唤秀发能量，强韧释放。全新潘婷。

⑩ 全新舒肤佳排浊香皂，突破性配方，微米科技，有效洗去油脂、浊质、细菌，唤回肌肤健康活力，和宝贝尽享亲密。

三、时尚典雅式

时尚典雅式风格往往运用于化妆品和珠宝首饰类商业配音。在化妆品类商业广告配音中，需要塑造时尚炫酷的高级感，配音或温柔美好，或节奏较快。可打造时尚白领女性形象，声音略微成熟，干练自信，积极洒脱，节奏轻快，体现化妆品的潮流感和时代感。在珠宝首饰类商业广告配音中，需要塑造典雅高贵的气质。配音的音色要松弛，可以多用虚声，咬字轻柔圆长，低音丰满有质感，声音富有弹性和张力，节奏舒缓悠扬，体现女性的端庄和优雅。例如：

① 上妆不再被约束，随你随时随地，15 秒上出完美底妆。卡姿兰气垫 CC 霜，百万储水微细孔，让底妆水润清透无瑕。我的气垫 CC，我的卡姿兰。

② 谁能做到即干、即卸、不晕染、不断色？卡姿兰大眼睛神笔。这么神？是时候换新笔了。我的神笔，我的卡姿兰。

③ 全新兰蔻持妆粉底液，高遮瑕宛若"磨皮"，超持久无瑕从早到晚，轻薄质地，高遮瑕超持久。全新兰蔻持妆粉底液。法国兰蔻。

④ 万中选一，兰蔻菁纯面霜。封存至臻至纯的兰蔻玫瑰能量，以超临界萃取，凝练高浓活性玫瑰精萃，融合抗老玻色因，为每寸肌肤注入源源新生能量。一天天，肌肤饱满丰润，自带高光。兰蔻菁纯面霜。法国兰蔻。

⑤ 十余年的时间，许多个角色。每个角色都是一款酒，红酒每一分钟的变化，像极了人生的五味杂陈。醇香岁月，贵在专注。专注皮肤，专注核心的力量。欧莱雅男士锐能抗皱紧致系列，富含法国葡藤植物能量，对抗皱纹，紧致皮肤，抗衡时间的能量。你，值得拥有。

⑥（画面：空姐在飞机上的工作场景。为旅客倒饮料，关行李舱门，照顾老人和孩子。画面中反复出现空姐的双手）

空姐：手，就像我的第二张脸，需要细心地呵护它。丹芭碧润手霜真的很好。非常滋润，而且完全吸收。即使在干燥寒冷的环境里，双手一样可以保证娇嫩柔美。真的很滑、很柔软。

旁白：呵护双手，呵护你的第二张脸。丹芭碧润手霜，TOBABY。

⑦ 京剧演员：上妆卸妆容易起色斑，用晚霜就好多了。大宝，挺适合我的。

摄影记者：干我们这行，风吹日晒，用了日霜，嘿！还真对得起咱这张脸。

旁白：要想皮肤好，早晚用大宝。

⑧ 前世百年，拂袖琴声，雨绵绵，胭脂红粉，人婵娟。时间蕴含灵感，交汇在刹那之间。运承百年，越久越非凡。老庙黄金。

⑨（画面：白裙少女在水边亭亭玉立）

给自己一点空间，有时，简单也能让你满载而归。铂金气质，自然优雅。

⑩ 这是我参加的第 205 万个婚礼，是你们的故事，把我带到这里。我知道你们的过去，我更相信你们的将来。我看到你们忠于彼此，牵手相伴。让所有共度的时光，都凝结成璀璨。这也是我接受的第 205 万个使命，从神圣的这一刻起守护你们的爱。无论贫穷还是富有，悲伤还是快乐，始终如一不离不弃。守护，每一对爱人的幸福时刻。我是 I DO。

片段①②③是彩妆广告，配音风格属于时尚动感型，节奏欢快，采用偏高的女声。语势上扬，洒脱自信，声音兼具青春和成熟，表现为轻熟风。

片段④⑤是高端护肤品广告，配音风格属于高雅时尚型，节奏沉缓轻柔，采用偏低的女声。音色有质感、较宽厚，成熟干练，优雅自信。

片段⑥⑦是普通护肤产品广告，配音风格属于日常亲民型，节奏松弛自然。

片段⑥ "丹芭碧润手霜"，采用甜美的年轻女声，体现润手霜的日常使用和效果。男声旁白语气郑重，强调品牌名称，加深观众印象。

片段⑦ "大宝日霜晚霜"，采用多个角色，以不同职业对大宝的认可，表现产品的亲民和功效。在夜间演出的京剧演员和多在白天工作的摄影记者，一个用晚霜，一个用日霜，凸显了大宝平民化的定位。配音音色朴实不华丽，女声娇柔甜美，男声豪爽阳光。"上妆卸妆容易起色斑"，音量较弱，语气里含有懊恼；"用晚霜就好多了"，情绪扬起，加大音量，语气惊喜；"大宝，挺适合我的"，体现用过产品之后的接受和肯定。男声洒脱幽默，刻意强调 "日霜" 的 "日" 字，一声拉长音的 "嘿"，体现了角色的鲜明性格，给无数观众留下了深刻印象。

片段⑧⑨⑩是珠宝类广告，配音属于典雅高贵型。

片段⑧"老庙黄金"，采用低沉浑厚的男声，意境深远，语气深情，以体现珠宝首饰的高贵与内蕴。

片段⑨"铂金首饰"，采用轻柔优雅的女声，节奏舒缓，虚声成分较多，咬字轻柔圆长，低音丰满有质感，体现女性端庄优雅的气质。

片段⑩"I DO"，采用年轻美好的女声，吐字轻盈圆润，语气温柔甜蜜，营造婚礼中幸福温馨的氛围。

【商业配音训练3①】

训练提示：请以时尚典雅式配音风格，结合商业广告具体内容进行配音。

① 个性、魅力、高贵，女人的梦想。蒙宝欧828手机。

② 都是钻石惹的祸。钻石恒久远，一颗永流传。

③ 世上仅此一件，今生与你结缘。石头记。

④ 解决问题是我每天的乐趣，而肌肤问题我交给OLAY玉兰油多效修护霜。它含维他纳新等7种维生素和矿物质，一并对抗7种肌肤岁月问题。让肌肤光彩年轻，就更能尽情享受解决问题的乐趣了。玉兰油多效修护霜，现在还有玉兰油多效修护防晒霜，给你阳光下的年轻。

⑤ XD芭儿主张，20分钟，肌肤水分充足一整天；XD芭儿主张，20分钟，肌肤深层滋养一整天；XD芭儿主张，20分钟，肌肤水润亮丽一整天。XD芭儿美白保湿面膜。女人是水做的，XD芭儿。

⑥ 蓝是平静。但如果，蓝是力量，蓝是经典；但如果，蓝是前卫，蓝是质感，更是光彩，是阿玛尼大师粉底液十年与众不同的秘密。大师匠心蓝，让无暇更明动，光彩更出众。

⑦ 想要淡化黑眼圈，兰蔻小黑瓶发光眼霜，深入肌底修护，平滑细纹，

---

① 附音频资源5-3-21至5-3-30。

焕亮眼周，无惧黑眼圈。小黑瓶发光眼霜。全球护肤专家，法国兰蔻。

⑧ 亮白起来，加倍展现自我，加倍欢笑，生活变得更精彩。净白连升两级，焕亮肌肤耀享瞩目。兰芝臻白修护精华，兰芝。

⑨ 每一段历程都拥有独特的生命力，时间的意义不在于时间本身，而在于岁月中我们留下什么。不跟随也可风华万象，不怀疑学会欣赏自己，发现属于自己的美。专注，坚持，在纷繁的时光中打造属于自己的故事。岁月不带风华，经典历久弥新。老凤祥，跨越三个世纪的经典。

⑩ 全新香奈儿珍珠美白精华，汲取海洋珍珠的抗氧化能量，肌肤如沐晨曦之光，净、透、亮、白，肌肤之美由此开始。

四、高效智能式

高效智能式风格多运用于商务科技类商业广告配音。这类商业广告大多是男声配音，声音特点是浑厚醇和、有活力、有磁性。商务类广告配音，要给人以坚定自信的立场，配音节奏偏快，声音干脆有力。可塑造成功人士和白领精英的声音形象，体现工作积极高效之感。科技类广告配音，呈现理性和速度，吐字清楚不拖沓，以中声区为主，声音不宜太低，语势多上扬，情绪积极活跃，体现高效智能之感。例如：

① 华为 Mate20 系列，搭载麒麟 980 芯片强大性能，再次飞跃。无线快充，懂你时间可贵；徕卡超广角三摄，为你拓宽视野；骨声纹识别，用声音释放双手；无限反向充电，电量时刻为你准备。智慧新高度，华为 Mate20 系列。

② 搭载超感光徕卡四摄的华为 P30 系列，重新改写摄影规则。潜望式变焦一瞬间，拉近美好，超感光暗拍，即使身处黑暗，依然光彩绽现。华为 P30 系列，超感光徕卡四摄。

③ 我的心呼吸不一样，我的心阳光不一样。喂！我的心，乐律不一样。我的心，感动也要不一样。我喜欢的，就要不一。COOCO 时尚手机，就要不一样。

④ 下一步，应该往哪个方向走？可能你和很多人看到的不一样。有时候，你选择一个方向，不是因为它一定能成为未来，而是因为，它有可能

成为不一样的未来。小米 MIX Alpha 环绕屏概念手机，边框完全消失，四面环绕屏幕，探索不可能，让未来多一种可能。小米 MIX Alpha 5G 环绕屏概念手机。

⑤ 突破传统制表工艺，高科技与艺术的结晶，蓝宝石及精密陶瓷的完美结合，创制出飞亚达永不磨损君王剑情侣表。飞亚达表，一旦拥有，别无所求。

⑥ 中国电信，暖春行动。九大信息化服务，助力数字经济，服务社会民生，推进转型升级。安全云网，与您同行。中国电信。

⑦ 有多少人生可以浪费在无趣上？如果跳出现实，如果快乐是唯一 KPI，如果让舌尖去旅行，如果走出去拥抱未知，如果敢做自己的冠军，如果世界没有陌生人，如果可以选我喜欢，如果像孩子一样贪玩，如果朋友都是萌友，如果用匠心去生活，如果少女心不老。世界是蓝的、粉的、圆的、平的，古老的、现代的，汹涌的、壮阔的。每一个如果，都通往自由的目的地。非要自由，亚洲航空。

片段①②③④是手机广告，配音风格属于商务干练型。

片段①"华为 Mate20 系列"和片段②"华为 P30 系列"，内容侧重于高新技术的讲解，风格较为理性，大多由男声配音。发音以中声区为主，声音醇厚积极，有活力、有磁性，坚定自信，干脆有力，节奏偏快。体现由华为手机的新科技带来的变化和体验，充满时代感和科技感。

片段③"COOCO 时尚手机"和片段④"小米 MIX Alpha 概念手机"，内容侧重新技术给人的新奇体验，风格更加感性，可由女声配音。用声偏高，体现青春美好，吐字清晰干脆，语势多上扬，节奏偏快。情绪积极活跃，动感十足，体现高效智能之感。

片段⑤"飞亚达表"是手表广告，配音风格属于高端商务型，采用男声配音，声音醇厚有磁性，多用气声，节奏平缓。彰显飞亚达表的名贵与荣耀，强调高科技和精密制造，注重科技感与艺术性的结合。

片段⑥⑦是通讯和交通广告，配音风格以商务型和生活型相结合，男女声配音均可。声音朴实，以中声区为主，节奏舒缓，略带抒情，生活化，接地气，体现享受现代生活的舒适便捷之感。

【商业配音训练4①】

训练提示：请以高效智能式配音风格，结合商业广告具体内容进行配音。

① 浦发银行及时雨短信通知服务，账户变动，一动了然。浦发银行卡。

② 它从一枚尽含世界尖端科技的芯片开始，融会三星超群的工艺与设计。它已代表更多。体验内在之力，三星。

③ 光，穿越时间；光，驱动时间；光，定义时间。有光就有能量。薄型光动能，STILETTO，西铁城。

④ 华为Mate30系列搭载麒麟990 5G SoC芯片，拥有超感光徕卡电影四摄，支持5G高清直播。华为Mate30系列，5G重构想象。

⑤ 全新快起快拍，随时standby，出手就拍。0.6秒完成启动、对焦拍摄，捕捉稍纵即逝的美丽，XPERIA X Performance，超越每一种想象。

⑥ 打造智能家居，西门子家电为你实现，探索home connect家居互联，开启充满可能的崭新世界。比如，用叮咚音箱语音控制你的家电。西门子家电，展现未来。

⑦ 该怎么说呢？有时候，智能产品不能让我们少操心。不能帮我们减轻负担，不能让我们少走路，或者少费口舌，不能阻挡地球自转。智能从来不曾改变你，是你在改变你的生活。小米，智能生活。

⑧ 想法如此美妙，但也会转瞬即逝。如果每个人都能跟上想法的速度，去探寻，去沟通，去交流，去体会。跟上想法的速度，出发吧！极速互联随我行，沃3G。

⑨ 每个人都有两个自己。一个做梦，另一个去做。一个自己把梦想锁在柜子里，另一个让脑中的火花点亮世界。一个自己患得患失，另一个屡败屡战。一个自己安享成功，另一个把成功抛在脑后。

我们相信只有你才能赢得与你自己的交锋，将美丽梦想化作铿锵行

---

① 附音频资源5-3-31至5-3-40。

动。这就是为什么我们生产的不是炫耀科技的道具，而是让梦想实现的利器。

要么做梦，要么做。现在，你会选择做哪一个自己？我们创新科技，你用它实现梦想。联想，为实现梦想者而生。

⑩ 你默默祈祷，它就能跃得更高；你高声呐喊，它就会跳得更远；你振臂欢呼，它就会越战越勇。当我们一起齐声喝彩，就能撼动世界。VISA 伦敦 2012 年奥运会唯一指定用卡。和 VISA 一起全球齐喝彩。

五、强劲浑厚式

强劲浑厚式风格大多用于汽车与酒类广告配音。这类配音往往由男性配音员完成，用深沉浑厚的磁性嗓音展现强劲、有力、沉淀与回味。这类配音要注意气息强健有力，音色浑厚低沉，胸腔共鸣丰富，吐字位置靠后，后声腔打开充分。

汽车类广告配音要注重突出纵情豪迈的驾驶感受，咬字较紧较强，气息充足有力，节奏或急速动感、或深沉稳健，给人以成功豪迈之感。酒类广告配音要注重突出回味悠长的味道与口感，吐字归音充满韵味，节奏沉缓，气息通畅，给人以沉淀的内涵之感。例如：

① 改变，革新，颠覆。当所有人还在这一步，它，已经预见了世界的下一步。它，不仅是一辆车，更是对汽车的崭新诠释。汽车发明者，再次发明汽车。全新梅赛德斯-奔驰 S 级轿车。

② 曾经，它轻轻动动手指，便让亿万信息铺就成通向未来的路。时代在变，但总会有人说不，也总会有人逆风出列，将未来创造出来。它，就在你我之间；它，就是你我。奥迪 A6L，未来属于创造它的人。

③ 是什么成就了运动王者？是力量，是平衡，还是自始至终的激情？新 BMW 3 系，擎动，心动。

④ 智能是一种潮流，潮流就该由年轻掌控，怎么做怎么潮，怎么行怎么来！全新蓝鸟智炫版，热橙新上市！

⑤ 经历愈多，愈欣赏。看得愈真，愈欣赏。愈欣赏，愈懂欣赏。轩尼诗 XO。

⑥ 当法国人沉浸在第一杯葡萄酒的愉悦时，西域的酒香已飘荡了700年。北纬42度的阳光触动这里的灵感，天山雪水滋润沉淀上亿年的沙质土壤，快乐的音乐和灿烂的阳光为每颗葡萄带来精准的甜度，古老的橡木桶在沉醉中酝酿琼浆。千年西域，葡萄圣地。种出来的好酒，新天葡萄酒。

⑦ 淡雅天成，楚酒留香。楚园春酒，湖北淡雅型白酒典范。

⑧ 秉承九酝古法，源自国保窖池。中国酿，世界香。古井贡酒，年份原浆，古20。

⑨ 这条大运河，簇拥春华秋实，从不显山露水，悉心守护天空与大地的馈赠，诚实地对待时间赋予的命运、浓度和机遇。这份始酿于春秋的华夏传奇，成就一种超越自身与存在的完美，口传心授，得以代代相传。口子窖，华而不奢。

⑩ 品酒，犹如艺术品鉴赏，依赖的是独特眼光，更多的是生活品位。始终追求更好的，遇上张裕解百纳干红，是我最美丽的邂逅。她的浓郁醇厚，跨越百年时空，酝酿世纪感动！我的生活，我的态度，我的选择。张裕解百纳干红葡萄酒。

⑪ 300年的历史，悠远流长；300年的文化，灿烂辉煌；300年的牛栏山二锅头酒，醇厚芳香。牛栏山二锅头酒。

⑫ 在法国近郊马爹利干邑世家一望无际的酒库上空，散发着一股醉人芳香，流传着一个动人故事。每年，有超过100万升的上等干邑白兰地在漫长的酝酿过程中不断升华到空气中，成为对天使的奉献。

大约300年前，这种芳香将一只燕子深深吸引，依恋不舍。最后，它终于化身金黄，超越平凡。每年初春，数以千计的燕子都在这里悠然翱翔，而今燕子也依然不断出现在每一瓶马爹利干邑白兰地之上，标志着法国马爹利。

干邑世家，经典无价。

片段①至④是汽车广告，要着重突出纵情豪迈的驾驶感受，咬字较紧较强，气息充足有力，节奏或急速动感、或深沉稳健，给人以成功豪迈之感。以男声配音为主，用深沉浑厚的磁性嗓音展现强劲、有力、沉淀与回味。气息强健有力，音色浑厚低沉，胸腔共鸣丰富，吐字位置靠后，后声腔打开充分。

片段⑤至⑫是酒类广告，配音要注重突出回味悠长的味道与口感，吐字归音充满韵味，节奏沉缓，气息通畅，给人以沉淀的内涵之感。

片段⑩"张裕解百纳干红"，配音节奏舒缓，悠扬又不乏厚重，每个字都饱满如珠，精雕细琢。"依赖的是独特眼光"的"光"字，"更多的是生活品位"的"位"字，处理方式上由实变虚，令人回味无穷，可以看作是对美酒也是对人生的无尽品尝与回味。

片段⑪"牛栏山二锅头酒"，配音风格属于力量型，气魄宏大，孔武有力，感情豪迈。体现一种积极向上、乐观坚韧的精神，树立恢宏的企业形象或产品形象。

片段⑫"马爹利"，配音风格属于典雅型，气松声缓，声轻不着力，语势多平稳，显露出优雅脱俗的意味和韵味。通过诗一般的广告语言和童话故事的讲述，将酒的历史诠释得分外动人。男声配音以口腔共鸣为主，语速平缓，娓娓道来。最后一句"干邑世家，经典无价"，以低沉的语势以及虚实结合的音色，彰显卓尔不凡的高贵气质。

再如：

① 每次看到这熟悉的门脸儿，每次闻到店里飘出的茶香，我就会想起从前我爷爷讲他小时候的故事。那个时候，老家的人都特别讲究喝茶，而且买茶就认张一元。他们都说，张一元的茶地道，喝着清口、清新。

直到有一次，家里让爷爷自己去买茶……从那一刻起，我爷爷才真正地领悟了品茶的真谛。在后来的岁月里，无论遇到多么艰难的事情，我爷爷都从不舍得花掉那枚银角子。金般品质，百年承诺。中国茶，张一元。

② 在300多年前，浙江宁波府有个走街串巷的卖药郎中，名叫乐尊育，正是他在公元1669年创建了同仁堂。数十年后，同仁堂的药剂以配方独特、选料上乘、工艺精湛、疗效显著获得了向清皇室供应药品的特权。

③ 少一秒等待，多一秒精彩。未来再远，远不过我一路向前的步伐。全集抢先看，追剧不等待。爱奇艺VIP会员，轻奢新主义。

④ 全国越来越多人选择猿辅导。上网课，用猿辅导；做练习，用猿题库；找解题方法，用小猿搜题。猿辅导在线教育，入选 CCTV "品牌强国工程"。

⑤ 贵阳青岩古镇、遵义海龙囤、六盘水乌蒙大草原、安顺天龙屯堡、毕节百里杜鹃、铜仁梵净山、黔东南肇兴侗寨、黔南大射电望远镜、黔西南马岭河峡谷。走遍大地神州，"醉"美多彩贵州。

⑥ 不同寻常的一次相遇，绽放 20 世纪里最美的恋情。一个远离尘嚣的男人，执着守望在宁静的小镇，只为等待再次心动的邂逅。一个才华横溢的中国台湾女子，被他深深吸引，从此把彼岸当作心灵的故乡；一个邻家女孩儿，悄然体验初恋的欢乐与忧伤。

黄磊、刘若英、李心洁、朱旭精彩联袂，苏慧伦、黄舒骏倾情加盟，演绎 20 集电视连续剧《似水年华》。中央电视台电视剧频道黄金强档 7 月播出。

⑦ 身未动，心已远。旅游卫视，让我们一起走吧。

片段①"张一元茶"，主要回忆了主人公听爷爷讲述儿时买茶的故事，展现张一元茶叶的历史，体现其注重品质和承诺的精神。

片段②"同仁堂"，从它的创建人说起，介绍了它相较于其他药房的独特之处和数百年间的好名声。以古朴的宫廷乐曲为配音背景，配音员深沉而自豪的诉说牵引着听众的思绪，展现同仁堂近百种传统中成药，以不省人工、不减物力、货真价实、制作精细的传统特点在百姓中极负盛誉。

片段③④是网络会员和网络课程广告，配音风格属于激情澎湃型，男女声均可。音色要青春阳光，声音偏高，情绪高涨，语势跌宕，节奏紧凑，语速偏快。

片段⑤⑥⑦是电视节目广告。

片段⑤"多彩贵州"，配音风格属于风景抒情型，多用大气宏伟的男声配音，要结合画面的景色变化，给人以赏心悦目之感。

片段⑥"电视剧《似水年华》"，配音风格属于抒情故事型，配音原声是孙悦斌，采用口腔共鸣为主的方式，音色年轻而深沉，与画面水墨般的情调和略带伤感的音乐完美结合，将一个文艺的爱情故事娓娓道来。

片段⑦"旅游卫视"，配音风格属于现代时尚型。2004 年旅游卫视（现为海南卫视）改版，有别于其他卫视用男声作为电视台台声的方式，旅游卫视采用了女声配音，令人耳目一新。配音员春晓的声音兼具成熟和性感，略带沙哑又极具磁性，本身就有着一种与众不同的味道。女声可以营造一个卫视的声音氛围——悠远传达的理念，这是卫视广告配音的难能可贵的创新和突破。春晓的音色柔和有质感，语流舒展平缓，虚声成分较多，风格大气神秘，塑造了一个充满时尚、活力、神秘气息的卫视形象，体现了旅游卫视立足于时尚与资讯前沿的定位。

【商业配音训练 5①】

训练提示：请以强劲浑厚式配音风格，结合商业广告具体内容进行配音。

① 有一种无声的力量，让动力更加激扬。长城润滑油，先进科技，引领中国动力。SINOPEC。

② 回味驾驭福特嘉年华的乐趣，行云流水，随心所欲，你一定会迷上它。再来一次。纵情驾驭，福特嘉年华。

③ 喧嚣中，你需要片刻宁静。沉淀思绪，以全新视野，换个角度。而后运筹帷幄，决胜千里。豪华行政版，奥迪 A6。

④ 动人酒香，有如天籁传唱。让好酒之间没有距离，只有亲密。长城葡萄酒，地道好酒，天赋灵犀。

⑤ 你能听到的历史，126 年；你能看到的历史，164 年；你能品味的历史，430 年。国窖，1573。

⑥ 传承千年酿造工艺，历经天宝冻藏。红花国色，酱香典范，红花郎。

⑦ 何谓创领之道？驰行万里征途，胸怀从容气度，全力以赴，开辟新局，共抵格局之上。红旗 H9，一步一时代。

---

① 附音频资源 5-3-41 至 5-3-49。

⑧ 世界上的大多数地方没有路标，因为那里根本就没有路。但你只能孤身前往，直到将一寸寸的细节，连接成壮阔的风景，让坚定的背影成为世界的路标。全新雷克萨斯 RX，创领新的时代。

⑨ 如果海洋是瞬息万变的，要用怎样的速度才能拥抱它？当优雅、速度和攻击性瞬间爆发，在毫秒之间做出反应，用身体去感受。要会进攻，更要会判断，速度对我来说是迅速成为变化的一部分，是一击即中。梅赛德斯-AMG GT 四门跑车，用你的方式诠释你的速度。

第四节　网络剧配音

网络剧是一种新兴的视听戏剧艺术。它以互联网平台为播出载体，由影视公司或专业团队制作，内容广泛，风格各异，形式多样，不拘一格。网络剧主要包括三个层次内容：一是专门针对网络用户制作的，仅在网络平台上播放的网络连续剧、系列剧；二是专门在网络平台上播放的网络视频短片、网络微电影、网络广播剧等；三是仅以网络平台为播放载体，以传统方式制作的电视剧、电影、广播剧等。

网络剧被定义为："由视频网站独立、合作参与或委托制作，以网络新媒体为主要播出平台，以演剧为审美形式，深入展示历史、社会、生活的方方面面，给人以普遍深切的人生体验，受众主要针对年轻网民的视听类型节目。"①

本节论述的网络剧配音的人声创作，主要涉及两个方面：一是指由网络平台自行拍摄、剪辑、制作的网络短剧、网络系列剧、网络广播剧的配音创作；二是指通过网络平台播出的影视剧、广播剧的配音创作。

目前，网络剧配音创作主体主要由两个部分构成，由专业配音演员为影视剧配音，以及由非专业的配音爱好者运用创造性手段进行配音。无论是专业影视配音演员，还是一些独具创造性的配音爱好者团队，都是网络

---

① 张健. 视听节目类型解析［M］. 上海：复旦大学出版社，2018：300.

剧"新势力"配音不可或缺的中坚力量。在网络剧配音创作中，专业与非专业界限渐渐模糊，传统技法与创新元素逐渐结合，网络剧配音正在探索配音人声创作的新技法和新思路。

在专业影视配音创作中，配音演员的发声基本功和配音经验十分重要，我们把专业影视配音的创作手段总结为"五个贴合技巧"，即贴合作品风格、贴合角色形象、贴合情绪动作、贴合口型状态、贴合气息状态。

在非专业的网络剧配音创作中，配音创作者可以运用方言俚语、音色对比、电子音以及网红音色（如萝莉音、御姐音、正太音、大叔音），以达到幽默搞笑、意味深长、揭示现实等特定的艺术效果。

一、五个贴合技巧

影视剧配音人声创作具有艺术性和再现性。再现性"绝不是单纯的模仿与刻板的还原，而是蕴含着独具特色的'还魂'的创造，通过配音艺术家的努力，创造出使知觉感到真实的形象"①。我们知道，艺术源自生活，影视剧艺术创作是建立在现实生活基础之上的艺术作品。而这种创作带有强烈的假定性色彩，即影视剧的故事由剧作家编写，人物由演员扮演，时间、空间等规定情境都不是真实的。这种假定要求表演演员和配音演员具备强烈的信念感，要充分信任角色，与角色合而为一，将个人转化为角色。

（一）贴合作品风格

网络剧作品风格多样，内容涵盖广泛，涉及社会生活方方面面。从类型上看，网络剧有网络情景短剧、网络自制连续剧，也有通过网络平台播放的国产影视剧、国外译制片等。其中，网络影视剧包括历史剧、言情剧、悬疑剧、科幻剧、神话剧、警匪剧、伦理剧、幽默剧等。不同类型和不同题材的网络剧作品需要的配音风格各有不同。

网络影视剧配音要贴合作品风格，配音创作者要了解作品的主题思想

---

① 王明军，阎亮. 影视配音艺术［M］. 北京：中国传媒大学出版社，2007：203.

和创作目的，理解导演的创作风格和创作手法，熟悉剧作的时代背景和主要情节，了解故事发生的社会状况、地域特点、风土人情、生活习惯等，从而确定配音创作的基调，在整体上准确把握作品风格。正确的整体风格把握能给配音创作提供稳定扎实的基础，也是配音是否与作品贴切的首要因素。

（二）贴合角色形象

网络剧配音要贴合剧中的角色形象，抓住角色的性格与个性。性格，是指习惯化的心理状态和行为方式。个性，是指一个人经常表现出的、稳定的、有一定倾向性的精神面貌和心理特征的综合，是区别于他人的重要的独特标志。每个人都有属于自己的性格和气质，不同性格特征表现为各类情感的表露方式和分寸程度的不同，情绪反应强度和持续长短的差异，言语表达节奏和速度快慢的变化，等等。

此外，配音创作也要重点观察角色的生理特征，角色的性别、年龄、体型、健康状况等都应通过发声特点呈现出来。一些人物特征，如口吃、地包天、大嘴、嘟嘴等，也需要通过恰当的配音技巧进行具体处理。

（三）贴合情绪动作

网络剧配音要贴合角色的情绪动作，抓住人物的语言行为和情感特征。配音创作要精准把握角色的情绪色彩和情感程度，剧中角色的喜怒哀乐、悲欢离合都需要配音创作者悉数体会。此外，角色的一些行为和动作，如走、跑、跳、卧、打等不同的运动状态，以及摇头、扬眉、耸肩、摊手等细微动作，需要通过配音演员的声音强弱、气息深浅、吐字松紧等展现出来。

（四）贴合口型状态

网络剧配音要贴合角色的口型状态，这是最基本、最严格的配音技巧。只有贴合角色口型的配音，才能让受众感受到这是剧中角色在说话，口型不贴合的配音会让受众有"出戏"的感觉。配音创作要做到贴合角色口型的长短、开合和松紧三个方面。

1. 贴合角色口型的长短

当剧中角色开口说话时，配音演员也要开口说话，当角色停止说话时，配音演员也要停止说话，从而使配音与剧中角色的话语同步。贴合口型的长短，需要把握角色的语言节奏和表达习惯，从而调整自己的心理节奏与之相吻合。在一些译制影视作品中，配音演员需要根据外语与普通话的发音区别，对发音差别较大的地方进行适当改变处理，从而对应角色口型。

2. 贴合角色口型的开合

普通话语音根据韵母的构成不同，将不同字音的口型分成四类，即开口呼、齐齿呼、合口呼和撮口呼。"开口呼是指没有韵头，韵腹又不是 i、u、ü 的韵母；齐齿呼是指韵头或韵腹是 i 的韵母；合口呼是指韵头或韵腹是 u 的韵母；撮口呼是指韵头或韵腹是 ü 的韵母。"[1] 角色配音要贴合不同字音口型的开合状态，做到每个字音口型的开、齐、合、撮都要严丝合缝，细微贴切。

3. 贴合角色口型的松紧

口型的松紧，是指角色在表达不同情感或性格时，产生相关部位肌肉的松紧变化而表现出的吐字强弱状态。一方面，性格严谨内向的人说话时，口型较小，较为紧张；性格外向随意的人说话时，口型往往较大，较为松弛。另一方面，配音创作要善于抓住角色表演中"有戏""传神"之处，角色面部表情的转换也会引起吐字与口型的松紧变化。因此，要做到贴合角色口型的松紧，就要细致入微地体察角色特征。

（五）贴合气息状态

人始终在做气息运动，不管自己是否意识到这一现象，气息都会显露出来。在没有语言表达时，角色同样会通过不同的呼吸状态来体现其心理和生理状况，如一提一松、一嘘一叹、一抖一颤、一喘一憋等不同气势与气状，都极为清楚、生动地反映出人物的内心与外部形态。由此，配音演

---

① 中国传媒大学播音主持艺术学院. 播音主持语音与发声 [M]. 北京：中国传媒大学出版社，2014：65.

员应与配音角色"同呼吸，共命运"。

网络剧配音要贴合角色的气息状态。一方面，抓住角色的心理节奏，根据其心理和情感变化，表现出呼吸的长短、虚实、强弱、深浅的差异；另一方面，要考虑气息状态的伴随性与多样性，走路、跑步、生病、愤怒、害怕、悲伤、大笑等状态下，气息特征是非常明显的。

【网络剧配音训练1：《芈月传》片段①】

配音分析

楚国公主芈月与楚公子黄歇青梅竹马，为与黄歇私奔，她自愿作为嫡公主芈姝的陪嫁媵侍远嫁秦国。然而在去往秦国的路上一行人遭到义渠王军队抢劫，黄歇因救芈月而跌落山谷，生死未卜。芈月为找出幕后主使陪芈姝进入秦宫。芈姝当上了秦国的王后，芈月因受魏夫人陷害，其弟魏冉被绑架，不得已求助秦惠文王嬴驷而成为宠妃。芈月与芈姝原本的姐妹之情，在芈月生下儿子嬴稷以后有了裂隙，而芈月因其政治天分得到嬴驷的欣赏。诸子争位，嬴驷抱憾而亡。芈月和儿子被发配到遥远的燕国做质子。不料秦武王嬴荡举鼎而亡，秦国大乱。芈月借义渠军力回到秦国，平定了秦国内乱。芈月的儿子嬴稷登基为王，史称秦昭襄王。芈月成为史上第一位太后，史称秦宣太后。

角色造型

芈月，原是楚威王最宠爱的小公主，但在楚威王死后地位一落千丈。备受冷落的小公主生活简朴，却能自立自强。她喜爱读书，求知欲强，性格坚韧，乐观积极，拥有后宫女子所不具备的宽阔胸襟和眼界。

电视剧《芈月传》

本片段是当上太后的芈月面对众将士的一次振奋人心的演讲。芈月的

---

① 附音频资源5-4-1。

配音不仅要与演员表演时的口型贴合，更要体现出角色坚韧有力的性格特点。发音以中声区为主，声音结实，吐字有力，语势跌宕，充满感染力和号召力。

你们当初当兵，必定不是为了造反。你们沙场浴血、卧冰尝雪、千里奔波、赴汤蹈火，为的不仅仅是效忠君王，保家卫国，更是为了让自己活得更好，让自己在沙场上挣来的功劳，能够荫及家人。为了让自己能够建功立业，人前显贵。是，也不是？

今日站在这里的，都是大秦的佼佼者。你们是大秦的荣光，是大秦的倚仗。是，也不是？（全体将士：是）我大秦曾经被人称为"虎狼之师"，令列国闻风丧胆。可就在前不久，五国陈兵函谷关外，可我们却束手无策，任人勒索宰割。这是为什么？我们的虎狼之师呢？我们的王军将士呢？都去哪儿啦？大秦的将士曾经是大秦的荣光，可如今却是大秦的耻辱。当敌人兵临城下的时候，你们不曾迎敌为国而战，却在王位相争中自相残杀。这就是你们的作为。

曾经商君之法约定，只有军功才可授爵，无军功者不可授爵。有功者显荣，无功者虽富无所荣华。可有些人就是不愿意遵商法，要恢复旧制，所以派人来杀我。你们也不情愿，也不想实行新法，是吗？为何你们站在了靠祖上余荫吃饭的旧族那边？自愿成为他们的鹰犬，助纣为虐，使得他们随心所欲、胡作非为，使得商君之法不能推行，兄弟相残，私斗成风。你们的忠诚，不献给能够为你们提供公平、军功、荣耀的君王，却给了那些对你们作威作福，只能赏给你们残渣剩饭的旧族们，是吗？

将士们，我承诺你们，从今以后，你们所付出的一切血汗，都能够得到回报。任何人触犯秦法都将受到惩处。秦国的一切，将是属于你们和你们儿女的。今日，我们在秦国推行这样的律例，他日，天下就都有可能去推行这样的律例。你们有多少努力，就有多少回报。你们可以成为公士，为上造，为不更，为左庶长，为右庶长，为少上造，为大上造，为关内侯，甚至为彻侯，食邑万户。你们敢不敢去争取？能不能做到？

【网络剧配音训练 2：《康熙王朝》片段①】

配音分析

康熙八岁即位，清除了鳌拜等权臣，平息了内乱。经过数年努力，清军歼灭吴三桂叛军，平定了三藩。接着，一举收复了台湾、澎湖诸岛，签订了中俄《尼布楚条约》。康熙御驾亲征，歼灭噶尔丹，蒙古草原回归和平。回京的途中，孝庄太皇太后归天，太子胤礽与权臣索额图结党，意欲篡政谋逆提前即位，勾结反清势力夜袭皇驾，事败。康熙废除太子胤礽，引发了夺嫡之争。

电视剧《康熙王朝》

角色造型

康熙，圣君明主，有"千古一帝"之称。他善于运用权术，懂得恩威并济。康熙勤奋好学、励精图治、整肃朝纲，几十年如一日坚持学习。他平三藩、收复台湾、征噶尔丹，每一件事迹都足以载入史册。

本片段是康熙对众大臣的一次训话，言辞犀利，发自肺腑。此时的康熙已经年迈，配音时用声偏低，带着痛心失落的情绪，语势起伏较大。

当朝大学士，统共有五位，朕不得不罢免四位；六部尚书，朕不得不罢免三位。看看这七个人吧，哪个不是两鬓斑白？哪个不是朝廷的栋梁？哪个不是朕的儿女亲家？他们烂了，朕心要碎了！

祖宗把江山交到朕的手里，却搞成了这个样子。朕是痛心疾首，朕有罪于国家，愧对祖宗，愧对天地，朕恨不得自己罢免了自己！还有你们，虽然个个冠冕堂皇站在干岸上，你们就那么干净吗？朕知道，你们有的人比这七个人更腐败！朕劝你们一句，都把自己的心肺肠子翻出来，晒一晒，洗一洗，拾掇拾掇！

朕刚即位的时候，以为朝廷最大的敌人是鳌拜，灭了鳌拜，以为最大

---

① 附音频资源 5-4-2。

的敌人是吴三桂，朕平了吴三桂，台湾又成了大清的心头之患，啊，朕收了台湾，噶尔丹又成了大清的心头之患。朕现在是越来越清楚了，大清的心头之患不在外边，而是在朝廷，就是在这乾清宫，就在朕的骨肉皇子和大臣当中。咱们这儿烂一点，大清国就烂一片。你们要是全烂了，大清各地就会揭竿而起，让咱们死无葬身之地呀！想想吧，崇祯皇帝朱由检，吊死在煤山上才几年哪？忘啦？那棵老歪脖子树还站在皇宫后边，天天地盯着你们呢！

朕已经三天三夜没有合眼了，老想着和大伙说些什么，可是话，总得有个头啊。想来想去，只有四个字（正大光明）。

这四个字，说说容易呀，身体力行又何其难？这四个字，朕是从心里刨出来的，从血海里挖出来的。记着，从今日起，此殿改为正大光明殿。好好看看……哦，你们都抬起头来，好好看看，想想自己，给朕看半个时辰。

【网络剧配音训练3：《七月与安生》片段①】

配音分析

七月与安生从踏入中学校门的那一刻起，便宿命般地成为朋友。她们性格截然不同，一个恬静如水，一个张扬似火，却又互相吸引。七月与安生以为会永远陪伴在彼此的生命里，然而青春总是伴随着阵痛，她们对同一个男生产生了感情。18岁那年，她们遇见了苏家明，至此，成长的大幕轰然打开。

角色造型

安生，放浪不羁，十分自我，不按规矩办事，喜欢挑战权威。她内心脆弱没有自信，害怕被别人拒绝、被人讨厌，总是想引人注意、讨人喜欢，用心待人，却总是受伤，完全不懂得保护自己。26岁之后的安生，才终于变得成熟和坚强一些，但她的内心始终保持纯真的一面。安生的配音语气要松弛洒脱，快人快语，情绪起伏较大。

七月，文静乖巧，安分懂事，小家碧玉，永远的优等生。然而七月的

---

① 附音频资源 5-4-3、5-4-4、5-4-5。

内心也有叛逆的一面，为了满足别人的期待，只能不断压抑自己。作为补偿，她制订了每一阶段的人生幸福计划，只要内心的期望能按自己的计划达成，生活便也还过得去。七月的配音语气要细腻温和，情绪和缓，语速较慢。

电影《七月与安生》

① **七月与安生告别**

七月：那万一有一天他要是不爱你了怎么办呀？

安生：那我还有你呀！你看，这是我们俩一起买的外套，这是你嫌小给我穿的衣服，还有这个是我们俩去超市抽奖中的。放心，我不会忘了你的。别哭，丑，给爷笑一个。

七月：那你什么时候回来呀？

安生：别把离别弄得那么伤感，你一会儿不会跟着火车跑吧？

七月：讨厌！

② **七月与安生通信**

安生：七月，我在北京安顿下来了，这很干燥，半夜会经常流鼻血，但我适应得特别快。晚上他去演出，我就在酒吧打工，认识了好多新朋友，外面的世界真的很大，想和你一起去看看。你会回信吗？问候家明。

七月：我一直在等你的信，安生。快要高考了，家明和我想上同一所大学，他学传播，我念中文。但爸妈想让我改填经济学，说将来能找稳定的工作，忽然感觉将来很远。我以前想象过的将来都是有你的。

安生：你应该做自己喜欢的事。我最近差点被煤气熏死，还好活过来了。我这么掐指一算，离27还有8年呢。你说我现在死了，是不是就亏大了？问候家明。

七月：我这边入学了，课很无聊，害怕期末拿不到好名次，课余时间多了很多。家明加入了田径社，我还不知道自己喜欢什么，我突然发现自己是一个很没趣的人，我有点难过。

安生：看起来有趣的人多了，都是装的，装的自己都信了。就那弹吉他的，他根本就不敢 27 岁去死。

③ **七月与安生发生争执**

安生：我每天都在享受着酸甜苦辣的人生，你每天活在象牙塔里你不知道，你不懂。

七月：你以为我这些年就容易吗？

安生：不，每个人都不容易的，所以我说你付了那么昂贵的旅馆费，那我就付餐费。

七月：我有钱我请客，你不用跟我算那么清楚。

安生：你算得不清楚吗？什么是你的，什么是我的，这些年你算得还不够清楚吗？

七月：清楚吗？如果真的清楚的话，你这五年里给我写的每一封明信片，都在问候我的男朋友。如果真的清楚的话，你就不会一直都戴着这个。

安生：你看，你算得多清楚。你看看你现在，我就想问问你当初，我跟男的跑的时候你挺开心的吧？七月，你是什么人可能家明不知道，那我还不清楚吗？别哭，有什么可哭的？

二、网络短剧

网络短剧，是网络剧发展过程中的一股新鲜血液，它以现代元素和创新手段演绎生活百态，揭露人性本质，从而达到幽默搞笑、意味深长、揭示现实等特定的艺术效果。从人声创作角度来看，网络短剧常采用后期配音或同期声变音等创新手段演绎，同时结合方言俚语、音色对比冲突、电子变音手段以及各类网红音色（如萝莉音、御姐音、正太音、大叔音）等创新元素进行角色创作。

（一）方言活用

长期以来，方言因不同地域理解差异的限制，在影视剧中不被广泛运用。而随着影视艺术创作水平的提升和互联网新兴创作手段的兴起，越来越多的方言被运用于音视频艺术创作之中。在网络剧配音创作中，可以将各类方言活用其中，能达到意想不到的效果。

1. 活用典型方言词汇

一些典型的方言词汇往往构成了人们对方言的特定印象。比如，天津人喜欢说"嘛"，发四声；北京人喜欢说儿化音，而且会挑高一声调值；东北人喜欢说"干哈""咋地"，一声调值偏低；上海人喜欢说"好的呀""不得了""晓得哇"，发音位置靠前；陕北人喜欢说"干甚"，发后鼻音时软腭抬起较高，发音位置靠后；等等。方言词汇的运用要结合相应的方言语气，才能达到形神兼备的效果。

2. 活用方言普通话

中国幅员辽阔，民族众多，各地方言差异很大，一些邻近地区的居民也会出现听不懂、不会说对方方言的情况。因此，在选用方言进行网络人声创作时，要注意尽量选择使用范围较广，且与普通话较为接近的方言。同时，学会将方言与普通话相结合，说当地的"方普"，即方言普通话。在网络短剧配音创作中，使用方言与普通话结合的方式，避免了方言在清晰度和理解力方面的局限，也能为网络人声创作提供新鲜、大胆的手段和方式。

（二）音色突破

在传统影视剧配音创作中，要求配音演员具备扎实的基本功，做到与原片角色形象的完全贴合。而在网络短剧中，配音重心由"专业"向"个性"转移，配音创作力求大胆的音色突破，萝莉音、大叔音、正太音以及经典的动画角色声音（如蜡笔小新、葫芦娃、唐老鸭等），都可以运用其中。音色的大胆突破与创新，是对网络人声创作的更高要求。

（三）电子变音

随着科技的发展，各种录音设备和后期软件层出不穷。一套完备的专业录音设备，包括话筒、话放、声卡、电脑、监听音箱、耳机、线材等。对于大多数人来说，一部智能手机加上一个安静的录音环境，也能进行配音创作。录音设备的选择，要根据配音者自身情况和个人需要而定。

在对网络人声创作的后期处理中，可以运用不同的音频插件，进行声音的编辑、修饰和改变。人声经过音频插件处理后具备了明显的电子音色，我们称之为"电子变音"。电子变音不仅可以调节音质的变化，而且可以加快语速，调节对话节奏，以适应网络短剧短小、新奇的特点。同时，电子变音可以保留配音原声的语气和情绪，对网络短剧创作的情节和情感推动能起到积极效果。

【 **网络剧配音训练 4：《比蚊子包还痒的是七年之痒》①** 】

配音分析

本短片出自《陈翔六点半》。《陈翔六点半》是由陈翔执导的活跃于多个短视频平台的网络系列短剧。《陈翔六点半》借鉴电视剧的制作手段，结合网络剧的传播特点，以夸张幽默的表现形式，讲述生活中无处不在的囧事。每集有特定的情节、场景、角色，用几分钟的时间讲述一个生活趣事，为观众提供快乐的同时，能够留下片刻的生活思考。

网络系列短剧《陈翔六点半》

《陈翔六点半》在声音处理上有一大特点，就是将剧中角色声音全部进行了电子变音处理。经过了电子变音之后的配音音色更高，语速更快，但仍然保留了体现剧中角色情感的语气变化。这样的处理让剧情更具喜感，节奏更为紧凑。

《陈翔六点半》中一些个性鲜明的角色，如妹大爷、毛台、腿腿、蘑菇头等受到了网友的好评和喜爱。本短剧是由毛台和米线儿出演的一对恩爱夫妻的故事。

毛台：米线儿，要不咱们离婚吧。

米线儿：发什么神经啊你。

毛台：（放下筷子）我不想欺骗你，其实我早就厌烦你这样的生活。

———————————

① 附音频资源 5-4-6。

我每天一睁眼，就能知道接下来要发生什么样的事情。天天如此，不停地重复。想想未来几十年，都那么重复地过日子的话，你不会觉得非常痛苦吗？喏，你每天只会做那么几道菜，一年四季反反复复，我看到都想吐了。

米线儿：（逐渐激动）你，你如果不想吃这些，你想吃什么你可以告诉我，我都可以给你做！

毛台：你听吧，你根本就不懂我想表达的是什么意思。你以为我说的只是菜吗？我是在说，你看到过你的吃相吗？我是厌烦你这个人了。

米线儿：为了这些饭菜，我每天都要跑菜市场。（突然站起）我每天回来我换着花样地给你做！我给你当了五年的家庭主妇，五年！我现在已经没有什么朋友了，我也没有工作了。毛台，你有没有想过，你跟我离婚以后我怎么办？

毛台：这个你放心，咱们和平离婚。我是做婚介的，我可以帮你找一个更适合你的。

米线儿：你退路都已经帮我想好了，看来你早就打算好了。既然这样，那我们离婚吧。

（场景转换到餐馆）

毛台：王炸是吧？

王炸：嗯？你是？

毛台：我是米线儿的表哥，今天来看看，幸会。

王炸：稍等。（给毛台的手喷消毒剂）不好意思，有点儿小洁癖。

毛台：理解。

（王炸坐下后开始擦拭餐具）

毛台：（悄声对米线儿说）这种人相处起来特别累，要不算了，走吧。

王炸：哎？喂！你们俩什么情况啊？

皮特：Hello，我叫 Peter，刚从 America 回来，目前在一家上市 company 上班，工资 five 五位数。

毛台：（轻声说）太装了，不行。Sorry。

皮特：你们是整些哪样啊？

男子：服务员，你这开水免费的吗？给我来壶开水。

毛台：少喝点儿，睡不着了。

毛台：进去吧。

米线儿：你到底有完没完？这都十多个了。

毛台：不要着急好不好，要想找到优质的相亲对象哪那么容易呢？那不得多看几个吗？请吧。

米线儿：你能不能不要待在这儿？多奇怪呀！要不是因为你的话，我可能早就相亲成功了。

毛台：也对啊，那我在隔壁。

相亲对象：你好。

米线儿：你好。

相亲对象：让你久等了。

米线儿：没事儿。

相亲对象：开门见山吧，我有一套三居室，不怎么大，一百多平。不过我会努力工作，等项目奖金下来以后完全可以考虑换一套大的。车有一辆，不是什么名贵牌子，不过付了全款，是去年的新车。

毛台：（内心思考）人看起来倒也靠谱，虽然条件不是太好，但也马马虎虎，不过米线儿喜欢和她有共同爱好的人，不知道他……

相亲对象：（从怀里拿出票）恕我冒昧，我买了两张今天音乐会的门票。

米线儿：你也喜欢听音乐会呀？有些人都会觉得这些东西是在浪费钱。

相亲对象：（笑）没有，值得花。

（毛台陷入回忆）

医生：很抱歉，毛台先生，确定是晚期。

（回到现实）

米线儿：看来我们两个的兴趣爱好挺像的。

相亲对象：真是太有意思了。你看，音乐会的时间快到了，要不咱们？

米线儿：哦，（看向毛台，毛台微笑点头）可以。

相亲对象：好！（接过米线儿的包）我来，请。

米线儿：谢谢。

（俩人微笑走出毛台的视线）

相亲对象：米线儿，我的演技怎么样？

（米线儿陷入回忆）

米线儿：（接电话）喂？

医院：喂？是毛台家属吗？晚期患者虽然无法完全治愈，但是院方还是建议进行化疗和放疗。

毛台：米线儿，要不咱们离婚吧。

米线儿：发什么神经啊你。

（回到现实）

毛台：（心语）我放心了。

米线儿：（心语）你放心就好了。

【网络剧配音训练5：《天生我材必有用》① 】

配音分析

网络短剧《天生我材必有用》出自《陈翔六点半》，主角是情商很低、极其不会说话的职场菜鸟猪小明，讲述其屡屡碰壁的故事。情节搞笑诙谐，充满讽刺意味。本短剧中角色较多，性格各异，建议分角色扮演练习。

猪小明：您好！

主管：你就是小明吗？

猪小明：哎！

主管：（伸手）欢迎入职，我姓王。

猪小明：（弯腰握手）是"王八蛋"的"王"吗？

主管：（尴尬）走吧，我带你去你的位置。

---

① 附音频资源5-4-7。

网络系列短剧《陈翔六点半》

猪小明：不用不用，公司就屁大点地方，你告诉我坐在哪儿就可以了。

主管：（感到不悦，略微摇头）行吧，那你就坐那儿。

同事1：（微笑，竖大拇指）嘿！我说哥们，你真牛，刚来公司就跟主管这么说话，还说公司垃圾。

猪小明：你是不是也觉得公司垃圾？

同事1：（瞪眼）我没这么说，不要乱说。

猪小明：你看你声音都变小了，肯定是。

同事1：（赶忙回头）你胡说！

猪小明：阿姨你笑什么呀？

同事2：你叫谁阿姨呢？

猪小明：叫你呀，你看你脸上粉都掉了。

同事2：（气愤）谁掉粉了！你才掉粉了！你全家都掉粉了！

猪小明：阿姨脾气真大，这更年期吧？

同事2：（气到无话可说）你……

众人：老板好！

老板：笑啥呢？

同事1：老板！

老板：哟，这就是新入职那员工是吧？

猪小明：嗯呢。

老板：这小伙子长得……这真是……一言哪……不是……那个一表人才是吧？

猪小明：没有，老板，我很矬的。

同事1：没有，老板您才是一表人才！

猪小明：你别逗了，他比我还矬。你不信是吧？他比我矮你信不信？我跟你比一下，他绝对比我矮。他到我这，（将手放到下巴比画）最多就到我……

（老板咳嗽，众人捂嘴笑）

猪小明：老板你咳嗽是不是身体也不行呀？

（众人又笑）

老板：你吧，拿着你的包，滚！（叹口气走开）

（场景转换到电梯）

猪小明：（边哭边说）为什么我每份工作，都干不到一天就把我开除了？我太难了！

（女路人递纸巾）

猪小明：（接纸巾）谢谢啊！没想到你长得这么丑，心地却挺善良的。

女路人：你！（感到无语，拍了拍猪小明的肩膀）哎老弟，我这有份工作挺适合你的，要不你试试？

猪小明：什么工作阿姨？

（场景转换到家）

男主人：我每天在外面赚钱那么辛苦，回到家里还要听你抱怨！我真的是烦死了，烦死了！

女主人：你在这个家扫过一次地吗？你煮过一次饭吗？你做过什么？

男主人母亲：（听到敲门声赶忙开门）哎哟猪老师！进来进来！

男主人：做家务有什么了不起的，我也可以做！

男主人母亲：别吵了！好了！你们两个吵了三天了！

男女主人：妈！不要你管！

男主人母亲：（急切）猪老师！

女主人：（指向自己）你说我什么？你说我像怨妇？

男主人：（双手摊开）难道不像吗？你照过镜子吗？

女主人：你有良心吗？

猪小明：你好。

男主人：（大吼）你谁啊？

猪小明：你管我谁呀，你废话真多。（看向女主人）你老公一直废话这么多吗？

女主人：对呀！

猪小明：（手指女主人）你对什么对，你一点主见都没有。（转向男主人）她是不是一到饭点就问你，吃什么吃什么吃什么？

男主人：是！

猪小明：是什么是，你是个男人吗？你是是是。

男主人：你到底要干吗？

猪小明：你管我干吗，你吵你们的架，你管我干什么。

男女主人：（针锋相对）我说你……

猪小明：不会啊？来！（手指女主人）你看看你，满脸起皮，头发不洗，一脸油腻，满脸衰气。

男主人：说得没错，兄弟。

猪小明：谁跟你兄弟啊？你还不是一样？三十老几，邋里邋遢，口袋空空，啥也不是！

女主人：哈哈哈哈！

猪小明：笑？你还有脸笑？你们两个叫没脸没皮，天生一对，只顾自己，自私自利，一吵吵三天，薄情又寡意！你们俩一个是河东狮再吼，一个是烂泥扶不上墙，服气服气，在下服气！（双手抱拳）怎么？你隔我这么近你还想打我？

（男主人打向猪小明）

男主人母亲：哎哟！不能打不能打！

女主人：让你说我老公！

男主人：让你说我老婆！

男主人母亲：猪老师啊！这太谢谢你了，谢谢你！

猪小明：（嘴被打肿）你谢个 der 啊，你又不是没给我钱。

男主人母亲：那，那你这嘴？

猪小明：没事儿，我这个嘴上保险了。

男主人母亲：（竖大拇指）猪老师你太敬业了！你相当敬业！

猪小明：必须的。

【网络剧配音训练6：《做人很简单，人心换人心》① 】

配音分析

《做人很简单，人心换人心》选自网名为"工立方二哥"的网友制作的网络系列短剧。工立方短剧主要针对农民工就业问题展开，选用非专业演员进行表演，言语中带着方言口音，将农民工境遇展现得淋漓尽致。短片用实际行动散播人间温情，传递生活中的正能量。

外卖员：（着急赶路撞到男子）对不起先生，对不起。

男子：（微笑）兄弟，干吗这么着急？

外卖员：没办法，顾客催得急。

（外卖员接到顾客的电话：还没到吗？你想饿死我呀？）

外卖员：（对着电话）马上来马上来！

外卖员：不好意思，让您久等了。

顾客：怎么搞的？这都迟到两分钟了，必须给你差评！

外卖员：实在不好意思，今天路上太堵了，能别给我差评吗？一罚款，我半天就白跑了。

顾客：哼，不给也可以。下楼的时候，给我把垃圾扔了。

外卖员：（叹气）行。

（外卖员扔完垃圾接到顾客电话）

外卖员：您好？

顾客：哎送外卖的，我刚刚给你那个垃圾袋儿里，有一张很重要的文件，你找一下。

外卖员：这我都扔了啊！

顾客：扔了？扔了你快去找！丢了你赔不起！

外卖员：好吧。（翻找垃圾桶）喂？文件我找到了，要不你下来拿一下？

顾客：废什么话，赶紧给我送过来，我急着用呢。

---

① 附音频资源 5-4-8。

外卖员：可我还有好几份外卖没有送呢，时间马上就到了。

顾客：你送不送？信不信我现在就投诉你？

（外卖员叹气，回头准备送文件）

男子：哎兄弟，怎么又要回去啦？

外卖员：唉，这不顾客的文件掉了，我得给他送回去。

男子：什么文件？我可以看一下吗？（接过文件）兄弟，其实你打电话的时候我都听到了，委屈你了。（拨打电话）

男子：刘经理啊。

顾客：哎，是我，史总。

男子：你立刻下来，我在楼下等你。（挂掉电话面对外卖员）兄弟，待会你听我的，我帮你好好出口气。

顾客：（气喘吁吁）史总，您找我有事儿啊？

男子：（拍拍外卖员的肩）这位兄弟要帮我办点事儿，你辛苦一下，替他把剩下的几单给送了。

顾客：啊？

男子：怎么啦？不愿意？

顾客：愿……愿意。（接过外卖）

男子：等一下，这个手机你拿着，方便跟客户对接，一定要准时地把客户的饭菜送到手里边，遭到投诉，罚款你来交。

外卖员：老板，这样不太好吧？

男子：像他这种飞扬跋扈的人，就应该让他吃点苦头。

（场景转换到办公室）

男子：来兄弟，喝杯茶。

顾客：（气喘吁吁）史总，都跑完了。

男子：（微笑）累吗？

顾客：累啊，因为这几单外卖，我足足跑了四个写字楼，差点没把腿跑断，哎呀那帮人啊，还一直催催催，弄得我脑瓜子都蒙了。哎？史总，您不是有事儿吗？怎么跟他？（指向外卖员）

男子：我没啥事儿，就是想跟这个兄弟聊聊天儿。哎刘经理啊，你做了不属于自己的工作，辛辛苦苦干了半天，是不是觉得很委屈？

（刘经理点头）

男子：但是，这位外卖员兄弟受的委屈可比你大多了。我告诉你，职业没有贵贱，但人品有高下之分。都是靠自己努力挣的钱，你凭什么在人家面前指手画脚、耀武扬威？

顾客：对不起史总，我错了。

男子：别向我道歉，你该道歉的人是他。

顾客：（面向外卖员低头道歉）对不起，之前是我太过分了。（将外卖箱双手递给外卖员）

外卖员：没……没关系。你能理解我们的难处就行了。

男子：刘经理，记住一句话："己所不欲，勿施于人。"做人，善良是根本。

三、网络影视剧

网络影视剧，是指以网络平台为载体，以传统方式制作的电视剧、电影和广播剧等。网络影视剧在制作方式和质量水准方面，都与传统影视剧较为相似，配音工作也是由专业影视配音演员来担任的。中国传媒大学教授王明军认为，如果说剧作家的剧本创作是一度创作，导表演是二度创作，那么配音演员的配音则是三度创作。在译制片中，如果把剧本的翻译当作是三度创作，那么配音在这里就成为四度创作了。配音演员的人声创作水平，与影视剧作品质量息息相关。

关于网络影视剧的配音方法，本节第一部分已有阐述并将其总结为五个贴合技巧。此外，在网络影视剧配音中，配音演员应树立信念感、认同感，并在配音中保持专注。著名配音演员孙悦斌在谈及配音中情绪的控制和专注力时说："去除影响这种语言本能的意识和念头的方法就是——请先把'话筒'当作不同听者的'耳朵'吧！执此一念，以祛杂念。"[1]

---

[1] 孙悦斌. 声音者：孙悦斌配音理论与实践技巧 [M]. 北京：中国传媒大学出版社，2016：56.

（一）信念

信念感与真实感，是来自影视表演学中的概念。"要演得像，演员必须进行体验，体验人物的思想感情、人物所处的规定情境，演员不断地通过假设，根据剧情的发展来推动创作。"① 演员的信念感来自对剧情的感同身受。斯坦尼斯拉夫斯基认为，演员的创作开始于假设，必须把虚构当作真实，演员要假定这一虚构可以在现实中实现，并找出它相应的行动。

配音演员同样需要树立信念感，相信虚构角色的真实存在，在现实生活中寻找角色原型，细致观察其言行特点，将其言语个性特征运用于影视剧配音创作中。

（二）认同

配音演员的创作是在剧情角色形象与演员扮演形象的基础之上进行的，配音演员对二者的角色认同必不可少。一方面，配音演员要认同影视剧中的角色形象设定，与之产生相应的共鸣和共情；另一方面，配音演员要认同演员在剧中的角色扮演，观察不同演员的形象和发声特点，尽量贴合剧中演员的演出形象，做到剧中角色、扮演角色与配音角色的三者合一。

（三）专注

配音演员需要具备表演学中对演员要求的专注能力，需要排除心中杂念，全心投入配音创作，达到忘我的境界。配音创作基于剧情的规定情境，而这种情境往往是前后呼应、相互连贯的，需要配音演员始终处于剧情之中，不仅要做到全神贯注，还要保持专注力的持久，思绪不能时进时出、断断续续。

---

① 王淑琰，林通. 影视演员表演技巧入门（最新版）[M]. 北京：中国广播影视出版社，2016：26.

【网络剧配音训练7：《无问西东》片段①】

配音分析

《无问西东》讲述了四个处于不同时代的清华大学学生，对青春满怀期待，也因为时代变革在矛盾与挣扎中一路前行，最终找寻到真实自我的故事。

角色造型

张果果是一名广告公司的高管，身处尔虞我诈的职场。他在医院看望四胞胎婴儿时，向其家人承诺会争取四胞胎的手术费。而在张果果为他们提供帮助后，他开始怀疑四胞胎的家人赖上了自己。后来，张果果遭遇了钩心斗角的职场潜规则，遭上司设计被迫离职。本片段是影片最后张果果看望四胞胎婴儿时的一段独白，用声偏低，吐字力度与气息力量不强，语言节奏灵活，情绪冷静沉着，语气中充满对人生的思考。

如果提前了解了你们要面对的人生，不知你们是否还会有勇气前来？看见的和听到的，经常会令你们沮丧，世俗是这样强大，强大到生不出改变它们的念头来。可是如果有机会提前了解了你们的人生，知道青春也不过只有这些日子，不知你们是否还会在意那些世俗希望你们在意的事情？

电影《无问西东》中的张果果

比如占有多少，才更荣耀；拥有什么，才能被爱。

等你们长大，你们会因绿芽冒出土地而喜悦，会对初升的朝阳欢呼跳跃，也会给别人善意和温暖。但是却会在赞美别的生命的同时，常常，甚至永远地忘了自己的珍贵。愿你在被打击时，记起你的珍贵，抵抗恶意；愿你在迷茫时，坚信你的珍贵。爱你所爱，行你所行，听从你心，无问西东。

---

① 附音频资源5-4-9。

【网络剧配音训练 8：《悲伤逆流成河》片段①】

配音分析

电影讲述了上海弄堂里一起长大的一对年轻人齐铭和易遥在校园内外的情愫纠葛，并在一次次的流言蜚语中卷入校园欺凌，最终以悲剧结尾的故事。多次校园欺凌事件，扰乱了主角们本应该美好的青春校园生活。齐铭是清俊帅气、人人称赞的优等生，易遥却是大家口中的"赔钱货"。俩人一同长大，感情很好，而这一切，在转学生唐小米出现之后发生了翻天覆地的变化。流言成了毁人利器，同学们对易遥处处刁难，这让易遥的生活陷入黑暗，遭受了各种残酷欺凌。

电影《悲伤逆流成河》中的易遥

角色造型

易遥，性格倔强，家庭贫困，她的存在就是与周遭一切的对抗。她的母亲职业不体面，还得了难以启齿的传染病。幸运的是，易遥的青梅竹马、校草齐铭对她备加关心。这些情况令唐小米产生误解，并对易遥进行校园欺凌，直至使她成为全校霸凌的对象。

本片段是易遥经历校园霸凌之后，情绪崩溃来到海边，试图以自杀的方式"报复"曾经欺凌过她的同学们。这是一段撕心裂肺的独白，边哭边说的状态具有一定的演绎难度。

你们没杀过人吧？你们今天，就会知道杀人是什么滋味。你们永远都不会承认自己做过的事有多恶毒。将来，你们只会说，我怎么不记得？我怎么不记得我把红墨水丢到她身上？我就是闹着玩的呀！还有你，你会说，我没有喂她吃过垃圾，没有泼过她冷水，没有扒过她衣服。你们之后

---

① 附音频资源 5-4-10。

的日子，舒舒坦坦，没有一点心理负担，你们回首自己的人生，觉得自己挺好的了，觉得自己没有做过什么伤天害理的事。太恶心了，实在是太恶心了。

如果我永远忘不掉，如果我忘不掉，怎么被你们欺负，怎么被你们侮辱，粉笔灰塞嘴里是什么滋味，打火机烧头发是什么滋味，被你们一口一个一口一个喊杀人凶手是什么滋味！如果我永远忘不掉，你们也别想忘掉！你们骂过我最难听的词，编过最下流的绰号，你们动手的没动手的都一样。

你们比石头还冷漠，你们又恶毒又愚蠢，你们胆小怕事，别人做什么你们就跟着做什么，你们巴不得世界上多死一个人。因为你们的日子真的无聊，因为你们觉得自己不会承担任何后果。杀死顾森湘的凶手，我不知道是谁，但杀死我的凶手，你们知道是谁！

【网络剧配音训练9：《楚汉传奇》片段①】

配音分析

项羽出身贵族世家，天赋异禀，豪气干云，力能举鼎。刘邦年逾四十，却集"草根"与"光棍"于一身，整日游手好闲，不谙劳作，父责"无赖"，然豪爽大度，善于结交，喜好吹牛，常以"龙种"自诩，与县里小吏萧何等混得极熟。秦始皇猝死，奸臣弄权，二世继位，残暴不仁，滥征民力，民不聊生，流寇四起。值此时机，英雄豪杰逐鹿中原。最终，刘邦得胜，建立了统治天下达四百余年的大汉帝国，史称汉高祖。

电视剧《楚汉传奇》中的项羽

角色造型

项羽，高大威猛，英气逼人，武功盖世，义薄云天。但他性格莽

---

① 附音频资源 5-4-11。

撞，桀骜不驯。

本片段中，项羽面对敌军仍临危不乱、坚毅果敢，带领众将士宁死不屈，勇猛无畏，显露出他的豪气与悲壮。项羽的配音浑厚有力，吐字力度和气息力量较强，语气坚强豪迈。

（楚军大帐中）

项羽：将士们，我们已被团团围住，粮草也将耗尽。再这样拖延下去，不用等汉军杀进来，我们就要饿死在这儿。

钟离昧：钟离昧愿保大王突围。

众将士：愿随大王突围！愿随大王突围！

项羽：众将，请起。为人独子者，请出列。家小随军者，请出列。我项羽……我项羽作战，从不认输。但这一次，和以往不同。此战伤亡惨重，无比艰辛。你们已经尽力了。我要你们护送军中的家小和女眷从北面突围出去。

众将士：我等愿为大王效死。

项羽：不，我要让你们活着。刘邦要的只是我这颗脑袋而已。我将带着剩下的将士，从东南面攻击，制造突围的假象，为你们争取时间。等你们突围成功，化整为零，陆续回到江东去。

众将士：我等誓与大王共生死。

项羽：不可轻言生死！我们楚人流的血已经够多了！我们，战胜了不可一世的秦人，洗刷了过去的耻辱，我们对得起列祖列宗。

弟兄们，你们展现了非凡的英勇，你们证明了自己，无愧于楚人的称号。但只可惜，我和你们相处的时间实在太短，不能带领你们创造更风光的伟业。天下之大，我相信一定会有你们的容身之地。不过我要你们记住一件事情，我要你们牢牢记住一件事情，无论你们在哪里，你们是楚人，是骄傲的楚人、顽强的楚人、不可战胜的楚人！

别哭了，没什么好哭的。嗯？你们害怕死亡吗？死亡没什么好怕的。死亡，不就那么一回事儿。懦夫，在结束自己的生命之前，就已经死了千百回。但只有英雄，才永存。

虽然我们的骨灰会抛撒于荒野，但是今天这一幕，注定会被后人世世代代传颂，无休无止。会无数次地被后人提起，被无数次地提起，我们何等的英勇，我们又是何等的悲壮。长锋所指，四方臣服，捭阖天下，无人可挡。我们，轰轰烈烈地在这个世上走一回。因为我们都是最骄傲的楚人。

弟兄们，永别了。和你们并肩作战，是我项羽这一生的骄傲。

众将士：誓死不降！

【网络剧配音训练 10：《如懿传》片段①】

配音分析

本剧讲述了如懿与乾隆皇帝从恩爱相知到婚姻破灭的故事。新帝登基，如懿受封娴妃，因深受皇帝宠爱而遭到众人排挤，且太后又与如懿所在家族恩怨极深，如懿在后宫生存艰难。权力更迭过程中，乾隆与如懿互相扶持，共同渡过难关。在乾隆的第一任皇后富察氏崩逝后，经过多年努力，乾隆也如愿封如懿为第二任皇后。然而做了皇后的如懿却发现，乾隆已从少年夫君成长为成熟的帝王，他的多疑善变逐渐磨灭了二人的情意和信任。但如懿依旧坚守美好回忆，恪守皇后职责，最终却断发为祭，被幽禁于寝殿。

本片段是乾隆的两个妃子——高贵妃与玫答应的一段争执，言辞犀利，处处针锋相对。

角色造型

高贵妃，大臣高斌之女，相貌秀丽，擅弹琵琶，体弱多病，思想简单。汉军旗出身，始终嫉恨如懿，依附皇后富察氏，处处与如懿作对分宠。高贵妃在皇后陪嫁丫鬟素练的暗示下做了许多坏事，却误以为是皇后本意。临终之时，将误以为是皇后授意的诸多坏事告诉皇上，使得帝后离心。高

电视剧《如懿传》中的高贵妃

---

① 附音频资源 5-4-12。

贵妃的用声偏高，语气嚣张。

玫答应，本名白蕊姬，自伤身世，心底自卑，性格尖锐，伶牙俐齿，恃宠而骄，在后妃中显得格格不入。她一生的执念是自己未曾出世的孩子。玫答应用声甜美，位置靠前，语气娇弱，但句句带刺。

高贵妃：士别三日当刮目相待，原来说的就是玫答应啊。

玫答应：再相见，贵妃娘娘，娇容华贵，风姿依旧啊。

高贵妃：这么会说话，你们南府怎么没选你去唱曲儿，却选你去弹琵琶呀？还没问妹妹闺名呢？

玫答应：嫔妾姓白，名蕊姬。

高贵妃：白蕊姬，蕊姬。一听就是个好名字啊，像是供人观赏取乐的。

玫答应：命里注定的缘分，能供皇上一时之乐，便是嫔妾的无上福泽了。

高贵妃：别以为皇上封你为答应，你就能飞上枝头了，就你那手琵琶弹的，皇上就是闲时当个麻雀叽喳听个笑话罢了，还真当自己是凤凰清啼吗？

玫答应：嫔妾自知琵琶技艺不如贵妃娘娘，姿容更是难比。但贵妃娘娘想过没有，皇上为什么放着您一手琵琶绝技不听，只喜欢嫔妾这些不入流的微末功夫啊？

高贵妃：还不是你狐媚勾引，使尽了下作的手段。

玫答应：嫔妾能有什么手段勾引皇上？不过是，年轻几岁罢了。这岁月匆匆，不饶人哪。

高贵妃：大胆！

娴妃：玫答应，在贵妃和本宫面前，不得无礼犯上。

玫答应：娴妃娘娘别吃心，岁月怎舍得薄待了您？嫔妾说的是谁，那人心里自然清楚。

高贵妃：双喜你还愣着干吗？上去给本宫掌她的嘴！

四、网络广播剧

广播剧，也被称为"听的剧""播音剧"，是指运用对白、音乐、音响效果等艺术手段创造听觉形象，展开剧情，刻画人物的一种戏剧形式。广播剧中会穿插必要的解说词，来帮助听众了解剧中情境的人物活动。① 广播剧配音，是广播剧创作中的重要一环，配音创作者通过对文学作品的二次加工，用声音演绎原本呈现在纸面上的传统文学作品，使听众如同观看影视剧般身临其境。

随着网络信息时代的发展，网络广播剧应运而生。网络广播剧，是指在互联网上制作，以网络平台为载体进行传播，运用有声语言搭建场景并展现剧情的一种艺术形式。网络广播剧的前期策划、中期制作、后期推广都是通过网络媒介来实现的。网络广播剧按照篇幅可以分为合集、长篇、中篇和短篇，按照剧本类型可以分为文学名著、游戏动漫、武侠、纯爱、仙侠、悬疑、科幻、架空、言情、奇幻、都市等，按照剧本创作可以分为原创剧本和改编剧本。原创剧本是指没有小说原著作为基础，由编剧直接创作而形成的剧本；改编剧本则是编剧在小说原著的基础上进行合理改编而形成的剧本。

传统广播剧和网络广播剧有所不同。

第一，制作主体不同。传统广播剧的制作主体是广播电台，网络广播剧的制作主体大多为互联网公司或专业制作团队。随着网络广播剧的商业化，制作主体也在不断拓展，制作方与地方广播电台、视频网站、出版商、手机 APP、游戏公司等合作的广播剧层出不穷。

第二，选取题材不同。传统广播剧大多具有浓厚的主旋律色彩，以军旅题材、教育题材为主，展现丰富的地域特色和风土人情。网络广播剧题材十分广泛，大多来源于网民喜爱的网络文学和流行小说，多以爱情为主，还有科幻、悬疑、古风等题材。

第三，表演形式不同。传统广播剧多以小说播讲为主，由一至两名播

---

① 参见《辞海》编写组. 辞海 艺术分册 [M]. 上海：上海辞书出版社，1980：75.

音员分集播讲，更加注重原著本身，后期音乐和特效制作较为简单。网络广播剧更加强调角色的扮演和场景的搭建，对原著小说的改编也更注重听众感受，由多位配音者进行角色声音扮演，后期音乐和特效制作也十分复杂。无论是演播风格、剧本结构还是制作技术，网络广播剧都比传统广播剧更接近电视剧的表现形式。

第四，传播方式不同。传统广播剧一般在广播电台播出，也有一部分会在网络平台同步播出。网络广播剧的主要播出方式是各大视频网站和手机音频平台。

第五，传播对象不同。传统广播剧以中年男性收听居多，网络广播剧的听众则更加年轻化、多元化。

因此，网络广播剧要求配音演员运用声音来塑造一个个鲜活的角色，展现生动的故事情节，这对于配音演员的语言功力和专业素养要求较高。我们把网络广播剧的配音技巧总结为"三白"与"六感"。三白，即对白、独白、旁白；六感，即角色感、环境感、交流感、动作感、节奏感、艺术感。

（一）"三白"

网络广播剧配音中的人物语言，主要有对白、独白、旁白三种形式。

1. 对白

对白，是指剧中由两个或两个以上人物进行的语言交流，是广播剧中人物语言的主要部分。广播剧中的对白，要兼顾人物关系、言语目的、情感情绪、表情动作等的不同状态。在人物对话过程中，配音演员要有"接收—思考—反应"的心理过程，并用适当的语气展现出来。对白的每一句，都要有"灵魂"，要带着明确的目的和准确细腻的情感，让听众听出"是什么人在说""怎么样说""为什么这样说"。

2. 独白

独白，是指剧中人物心理活动的外化，以及人物独处时内心波澜的表露，常常以内心活动和书信的方式展现。表现人物独白时，用声可以稍虚一些，语速稍慢一些，节奏多变，体现边想边说之感，言语较为松弛自然。

3. 旁白

旁白，是指"剧中人物在现场对他人行为进行评价的内心活动语言。它的交流对象有时指向对方，有时又指向受众"①。广播剧中的旁白处理，要注意与独白相区别，旁白的讲述要生动形象，为情节发展推波助澜。

（二）"六感"

广播剧配音的创作技巧，可以总结为"六感"，即角色感、环境感、交流感、动作感、节奏感、艺术感。

1. 角色感

广播剧配音创作，首先要通读剧本，做好案头工作，了解全剧内容，理清人物关系，找准角色形象定位。从年龄、性格、气质、经历等方面确定自身的角色感，形成相应的角色基调。

2. 环境感

广播剧中的角色，都是依据剧情设定的时代环境和地域特点来塑造的。因此，角色配音的语气和语调都要与之相符合，找准相应的语言感觉，才能与作品风格相协调。

3. 交流感

广播剧配音主要以对话的形式展开，因此配音的交流感十分重要。配音演员要了解交流对象的角色特点，理解与交流对象的人物关系，从而准确把握交流感的呈现。

4. 动作感

声音是广播剧配音的唯一表现手段，要使广播剧的人声具有"灵魂"，就需要配音演员把台词说"活"，体现人物在说话同时会做的形体动作。这需要配音演员具备一定的表演能力和生活经验，用生动的语言和多变的音色来呈现人物动作感。

5. 节奏感

在广播剧的配音创作中，需要配音员把握好三个方面的节奏感，即人

---

① 罗莉. 文艺作品演播教程［M］. 北京：北京大学出版社，2007：115.

物语言的基本节奏、剧情发展的节奏、对话交流的节奏。配音演员应把握全剧整体与部分之间的关系，做到整体统一与局部变化的结合。

6. 艺术感

广播剧配音是一种艺术创作，需要配音演员具备对声音、音效的艺术感受能力，尤其是与音效的配合尤为重要。很多音效是后期添加的，前期录音只有配音演员的干声。为了与后期音效融合，配音演员录音时要根据剧情发展与情绪变化预判相应的配乐风格，尽量让人声配音与音效完美结合。

【网络剧配音训练 11：《三体·末日之战》片段】

配音分析

网络广播剧《三体》

《三体》是一部兼有未来科幻色彩和历史逻辑色彩的网络广播剧。讲述了地球人类文明和三体文明的信息交流、生死搏杀的兴衰历程。故事情节跌宕起伏，情绪不断变化，从得知外星侵略的失落，到经历再一次文艺复兴后的自信，再到全副武装却被"水滴"轻易攻击的绝望。故事背景时间跨越大，配音时要体现相应的年代感。本片段选自《三体·末日之战》。

赵鑫：北方 TR317 战位呼叫万年昆鹏 EM986 战位！北方 TR317 战位呼叫万年昆鹏 EM986 战位！

李维：这里是万年昆鹏 EM986 战位。请注意，这个级别信息层的跨舰语音通话是违反战时规程的。

赵鑫：你是李维吧？我是赵鑫！我就是找你！

李维：赵鑫？你还活着？太好了！

赵鑫：上尉，我有一个发现，想上传到指挥共享层次，但权限不够，你帮一下。

李维：我权限也不够，不过现在指挥共享层次的信息肯定够多的了，你想传什么？

赵鑫：我分析了战场可见光图像。

李维：赵鑫，你应该在忙着分析雷达信息才对吧？

赵鑫：这正是问题所在。我首先分析了可见光图像，只抽取了速度特征，你知道现在发现了些什么事儿吗？

李维：难道你知道吗？

赵鑫：你别以为我疯了，我们是朋友，你了解我。

李维：没错，你就是个冷血动物，肯定是后天下之疯而疯。行了快说吧。

赵鑫：告诉你，舰队疯了，我们在自己打自己。

李维：你说什么？

赵鑫："无限边疆"号击毁"远方"号，"远方"号击毁"雾角"号，"雾角"号击毁"南极洲"号，"南极洲"号……

李维：赵鑫你真的疯了！

赵鑫：是真的，李维你相信我。A攻击B，B被击中后在爆炸前攻击C，C被击中后在爆炸前攻击D……死亡击鼓传花，真疯了！

李维：用的是什么武器？

赵鑫：我不知道，我从图像中抽取出了一种发射体，贼小贼快。比你的电磁炮弹都快，而且很准，每次都击中燃料箱。

李维：把分析好的信息传过来。

赵鑫：已经传给你了，原始数据和向量分析，好好看看吧，这真活见鬼了！

李维：收到，稍等。

赵鑫：怎么样？

李维：马上！

赵鑫：半分钟了李维，你快点儿。

李维：我注意到了速度。

赵鑫：什么速度？

李维：就是那个小发射体的速度。它比每艘战舰发射时的速度稍低一些，然后在飞行中加速到每秒三十公里，接着击中下一艘战舰，这艘战舰在爆炸前发射的这东西速度又低了一些，然后再加速。

赵鑫：这没什么吧？

李维：我想说的是……这有点儿像阻力。

赵鑫：阻力？什么意思？

李维：这个发射体在每次穿透目标时受到阻力降低了它的速度。

赵鑫：等等，你说这个发射体，你说它穿透……你的意思是发射体是同一个？！

李维：还是看看外边吧，又有一百艘战舰爆炸了。

旁白：这段对话用的不是现代舰队语，而是21世纪的汉语。他们都是冬眠者。人们后来发现，在这场大毁灭中，在最早恢复冷静并做出正确判断的指挥官和士兵中，冬眠者占了很大的比例。赵鑫和李维的信息并没有上传到舰队指挥层，但指挥系统对战场的分析也在走向正确的方向。

甲：司令官，攻击来源锁定了，这是图像。

乙：竟然是水滴。

旁白：在两个世纪的太空战略研究中，人们曾经设想过末日之战的各种可能，在战略家的脑海里，敌人的影像总是宏大的。人类在太空战场上所面对的是浩荡的三体主力舰队，每艘战舰都是一座小城市大小的死亡堡垒。但现在……

乙：原来我们唯一的敌人就是一个小小的探测器。

旁白：这是从三体实力海洋中溅出的一滴水，而这滴水的攻击方式，只是人类海军曾经使用过的最古老、最原始的战术——撞击。

参考文献

［1］王强. 网络艺术的可能：现代科技革命与艺术的变革［M］. 广州：广东教育出版社，2001.

［2］［苏］米·贝京. 艺术与科学：问题·悖论·探索［M］. 任光宣，译. 北京：文化艺术出版社，1987.

［3］中国传媒大学播音主持艺术学院. 播音主持语音与发声［M］. 北京：中国传媒大学出版社，2014.

［4］中国传媒大学播音主持艺术学院. 播音主持创作基础［M］. 北京：中国传媒大学出版社，2015.

［5］张颂. 播音创作基础［M］. 3版. 北京：中国传媒大学出版社，2011.

［6］中国传媒大学播音主持艺术学院. 电视节目播音主持［M］. 北京：中国传媒大学出版社，2015.

［7］李萍. 声乐理论教程［M］. 修订版. 长沙：湖南师范大学出版社，2014.

［8］葛洪. 抱朴子内篇 卷十八［M］. 北京：中华书局，1985.

［9］曾志华. 广告配音教程［M］. 北京：北京大学出版社，2007.

［10］张健. 视听节目类型解析［M］. 上海：复旦大学出版社，2018.

［11］王明军，阎亮. 影视配音艺术［M］. 北京：中国传媒大学出版社，2007.

［12］孙悦斌. 声音者：孙悦斌配音理论与实践技巧［M］. 北京：中国传媒大学出版社，2016.

［13］ 王淑琰，林通. 影视演员表演技巧入门（最新版）［M］. 北京：中国广播影视出版社，2016.

［14］《辞海》编写组. 辞海 艺术分册［M］. 上海：上海辞书出版社，1980.

［15］ 罗莉. 文艺作品演播教程［M］. 北京：北京大学出版社，2007.

［16］［美］帕泰尔. 音乐、语言与脑［M］. 杨玉芳，等译. 上海：华东师范大学出版社，2011.

［17］ 郭克俭. 声歌求道：中国声乐艺术的理论与实践［M］. 北京：文化艺术出版社，2007.

［18］ 王明军，阎亮. 影视配音实用教程［M］. 北京：中国传媒大学出版社，2014.

后　记

　　韶华如驶，珠流璧转。本人于 2013 年从母校中国传媒大学毕业，同年进入美丽的苏州大学任教，如今已经有八年多的时光了。"花开堪折直须折，莫待无花空折枝。"能在两所优秀的高校里浸润成长，我感到幸运且非常珍视。在教学中我始终秉持因材施教、教学相长的理念，在朗诵艺术与影视配音方面不断积累教学与实践创作经验，努力丰盈自己的羽翼。

　　本书基于本人多年的影视配音教学经验，结合戏曲与音乐演唱的发声技法，进行人声艺术创作的方法梳理和技巧讲解，探索"网络好声音"的培育道路。感谢广播电视播音主持和语音与声乐发声领域的相关研究成果，为本书提供了丰富的理论依据；感谢影视与网络声音艺术创作者们，用优秀的声音艺术作品引领了时代艺术风向，也为本书写作和课程教学提供了丰富案例和训练素材。

　　本书的写作是在苏州大学传媒学院陈龙院长的带领和指导下完成的。感谢杜志红教授、程粟副教授为本书写作提供了恳切的建议和热心的帮助。感谢传媒学院张健教授、曾庆江教授、刘均星副教授、许书源和岳军等老师，我们一起组成团队，并肩写作。历时数月的写作虽然艰辛，但幸有传媒学院大家庭给予我的无限力量和温暖关怀。

　　感谢苏州大学出版社盛惠良社长、陈兴昌总编辑、李寿春总编辑助理为本书提供的强大支持，感谢责任编辑孔舒仪卓有成效的工作，感谢苏州大学传媒学院张子豪对本书音频资料的搜集和剪辑。因教学与科研需要，书中收录诸多素材，在此向艺术创作者们一并表示感谢。

　　本书是对于网络人声创作技法与教学方法的初步探索和尝试，本人才学尚浅，且写作时间匆忙，不当或争议之处欢迎各界贤达批评指正，书中所附资源期待与各位同人及读者进行深入交流和探讨，定不胜感激！

冯洋

2021 年 9 月

于苏州尹山湖畔

yfeng@ suda.edu.cn